先进半导体产教融合丛书

LED 封装与检测

主　编　钟柱培
副主编　何海仁　孟治国
参　编　张　玲　陈　璐　黎静雯
　　　　李桂斌　陈慧挺　陈文涛
　　　　吴筱毅　梁才志　陈淑芬
　　　　邹国儿

机 械 工 业 出 版 社

本书从 LED 的灯珠结构入手，详细论述了 LED 封装工艺与生产管控中的必要工艺和相关基础知识，之后又针对 LED 封装前工序和封装后工序进行了详细说明，尤其是对其中的扩晶工艺、固晶制程、配胶等用实操图片加文字讲解的形式进行了论述，接着对 LED 产品控制的重要流程——参数测试进行了特别说明。本书最后安排了实训项目，供广大读者在进行产教融合培训时参考使用。

本书可供 LED 封装工艺工程师、技术研发人员参考使用，也可作为相关院校专业师生学习和技能培训的参考用书。

图书在版编目（CIP）数据

LED 封装与检测/钟柱培主编 . —北京：机械工业出版社，2024.5
（先进半导体产教融合丛书）
ISBN 978-7-111-75596-8

Ⅰ.①L… Ⅱ.①钟… Ⅲ.①发光二极管－封装工艺②发光二极管－检测 Ⅳ.①TN383

中国国家版本馆 CIP 数据核字（2024）第 072717 号

机械工业出版社（北京市百万庄大街 22 号　邮政编码 100037）
策划编辑：任　鑫　　　　　　　　　　责任编辑：任　鑫　刘星宁
责任校对：孙明慧　杨　霞　景飞　　　封面设计：马精明
责任印制：常天培
固安县铭成印刷有限公司印刷
2024 年 7 月第 1 版第 1 次印刷
184mm×260mm · 12.75 印张 · 314 千字
标准书号：ISBN 978-7-111-75596-8
定价：59.00 元

电话服务　　　　　　　　　　　网络服务
客服电话：010 - 88361066　　　机 工 官 网：www.cmpbook.com
　　　　　010 - 88379833　　　机 工 官 博：weibo.com/cmp1952
　　　　　010 - 68326294　　　金 书 网：www.golden-book.com
封底无防伪标均为盗版　　　机工教育服务网：www.cmpedu.com

前　言

LED 是第三代半导体的典型应用，过去二十年中，LED 在显示、背光、照明等方面的应用范围越来越广。LED 产业链总体上可大致分为上游、中游、下游，作为 LED 产业链中起着承上启下作用的 LED 封装，在具体工艺及技术配方上具有高新技术的特点，而且相对上游的外延芯片领域，LED 封装的知识产权壁垒较少。基于 LED 的各类应用产品大量使用 LED 封装器件，在产品总成本上占了 40% ~70%，LED 应用的各项性能往往由 LED 封装器件的性能决定。本书就是为满足行业对于人才的需求而编写的，具有以下特色：

1. 技能与素养融合，强化岗位意识

本书紧紧围绕 LED 产业需求，构建"素质＋技能"双核递进、产教融合的课程体系，依据 LED 产业的设计、生产、安装、封装、测试等岗位的工作过程，设计不同层次和不同功能定位的专业内容，以满足产业岗位需求。

2. 以项目为引领，以项目任务为驱动，强化知识与技能的整合

本书以完成项目任务为切入点，以就业为导向，力求降低理论知识点的难度，既突出实际操作技能的培养，又能保证必备的基本理论知识的学习；根据读者的认知特点，结合 LED 封装岗位要求，精心设计读者感兴趣的实用型任务，激发学习热情，通过在"做中学，做中教"，把专业的理论知识与实践操作有机结合，提高学习效果。本书内容图文并茂、通俗易懂，突出实践性与指导性，有效地拉近理论学习与实际应用的距离，使读者能更好地掌握当今社会相应岗位群所必须具备的专业知识和技能。

3. 以岗位标准为方向，培养规范的职业行为

本书内容力求与行业岗位标准对接，每项任务基本上以学习目标、情景导入、相关知识、任务细分、任务准备、任务实施、任务评价、能力拓展来呈现，任务评价采用自评、互评和综合评价相结合，改变单一的传统评价模式，以过程性评价取代传统的终结性评价，把职业行为能力、团队合作、安全规范等要素纳入评价体系。强调安全操作及现场管理，强化协作精神，培养读者良好的职业素养。

本书由六个项目组成，具体包括认识 LED 灯珠、LED 封装工艺与生产管控、封装前工序、封装后工序、LED 参数测试、LED 封装工艺与生产实训。

本书由钟柱培任主编，何海仁和孟治国任副主编。黎静雯负责编写了项目一，钟柱培负责编写了项目二，何海仁负责编写了项目三，李桂斌负责编写了项目四，陈璐负责编写了项目五，张玲负责编写了项目六。孟治国、陈慧挺、陈文涛、吴筱毅、梁才志、陈淑芬、邹国儿等相关院校老师及企业工程技术人员也参与了本书部分内容的编写工作。另外，在本书编写

过程中，第三代半导体产业技术创新战略联盟及相关 LED 封装企业提供了大量帮助与技术支持，在此一并表示感谢。

此外，本书引用和参考了一些相关的专业书籍和网络资料，在此对原作者表示衷心感谢。

由于编者水平有限，书中难免有不足之处，恳请读者批评指正。

编 者

2023 年 12 月

目 录

项目一 LED灯珠

1

项目导入

　　积极稳妥推进碳达峰碳中和，以推动绿色发展，促进人与自然和谐共生。在践行新发展理念和实施"双碳"战略的时代背景下，实现照明系统的节能减排尤为重要。半导体照明作为节能环保、低碳消费的战略性新兴产业，是在照明领域实现碳减排的战略选择和经济选择。LED是节能环保的现代绿色光源，LED的应用领域十分广泛，仔细观察会发现，虽然在指示、照明、显示等应用的LED产品，其结构和特性各异，但形形色色、五花八门的LED产品，都可以看成是由一个个能发光的基本单元组合而成，这一基本单元就是LED灯珠。也就是说，不同的LED光源就是由不同的灯珠按照不同的排列方式组合而成。

　　可见，要比较全面地了解LED技术，应该要先了解LED灯珠的结构和特性，并了解LED灯珠不同的类型、组合方式，进而理解LED灯珠构成的LED产品。

　　技术人员往往从光源的要求着手，深入认识LED灯珠的光谱、色品质及光电特性的变化规律，以便更好地利用这些特性设计出性能优良的白光或单色光。研究LED灯珠封装设计还必须同芯片设计和制造工艺相结合，利用集成设计的概念，来克服制造过程中芯片和封装不匹配等问题，研究芯片特性变化的原因、了解不同芯片的光电性能变化。

　　本项目主要介绍了LED灯珠的结构、LED产品的分类、LED封装方式以及LED的封装生产要素等基础知识，并简单介绍了LED创新、LED产业链、芯片结构特性等相关知识。

任务一 LED 产业链

学习目标

1. 了解LED照明领域的创新技术，结合新技术了解LED智能照明的优势。
2. 了解LED灯珠产业链各环节的特点以及相关工艺要点。
3. 了解LED产品制造的主要配套行业，明确产品质量的重要性。
4. 培养学生与人交流、与人合作的能力，养成良好的合作精神与团队精神。

情景导入

　　2022年广州国际灯光节，灯光作品征集正式启动啦！广州国际灯光节一直深受广大市民、游客喜爱，2022年广州国际灯光节以"粤韵光彩　未来创想"为主题，如图1-1所示，鼓励创作者充分探索"元宇宙"和光影的可能性，以光影为媒介唤醒传统文化的年轻基因，让传统与现代碰撞，让传承与创新互动，通过文化语言、艺术表达、科技形式等来演绎述说，谱写绿色生态的新篇章，对话大数据与元宇宙。

图 1-1　2022 年广州国际灯光节宣传图

请描述一下你心目中的灯光秀作品，具备什么样的特别之处，创新点是什么？

相关知识

一、LED 照明技术的不断创新

21 世纪前后，发光二极管（Light Emitting Diode，LED）开启了光电芯片的新应用领域。LED 作为高效的半导体照明光源，具有节能环保、结构牢固、响应速度快等优点，它的出现被称为第四次照明变革。LED 照明不仅涉及光学设计、新材料、电子器件、封装工艺等配套技术，也拓展了灯具、光源、照明效果与智能调控等多项技术领域。LED 照明已改变了电光源、灯饰、光电显示、功率器件等产业结构，将引领照明产业向纵深领域创新。如今，LED 已作为一种主流的新型照明光源，应用领域越来越广泛，甚至涉及各个细分照明领域，例如，显示屏、汽车车灯、观赏灯、农业补光灯、医疗照明、家居照明等，如图 1-2 所示。

随着人工智能技术的进一步发展以及人类对智能化生活的强烈需求，LED 灯光技术与 AI 技术、智能家居、智慧城市等结合，形成了新一代 LED 智慧灯光技术，改变了人类的生活方式，促进 LED 照明产业的创新与发展。随着人们不断对光、色、电参数提出多样化、智能化需求，LED 将为生产、生活提供更多全新的应用产品，以下是一些典型应用场景。

1）电子信息技术使 LED 性能得到进一步优化，促进市场上推出更多新颖产品。不管是道路照明、汽车照明、家居照明还是广告照明，都在使用高效能的 LED 优化照明部件，LED 提供了超出其他照明技术的诸多优势，例如，工作寿命长、色彩饱和度好、效率高等。

2）便捷的家庭照明管理，为智能家居增添色彩。灵巧的照明智能化控制、新颖的款式

显示屏	汽车车灯	观赏灯
农业补光灯	医疗照明	家居照明

图 1-2　LED 照明应用领域

设计、灵活的接入网络,从单色光、白光到彩色光的灵活搭配,使得 LED 照明成为居家生活中高效又颇具装饰性的亮点。消费者选择智能 LED 灯具或接入智能家居系统后,便可以在家中感受 LED 的电子产品特性,还可以利用 LED 的设计风格多变的特性进行动态光调节,实现更好的照明体验。

3) LED 结合新一代信息技术、智能技术来实现情景化灯光效果。众多的研究已证实,日常生活中不同的情境需要不同的照明场景。比如,蓝色比例较高的冷白光、自然光照明有助于人们在工作场所增加注意力;而暖白光照明则用于营造轻松欢乐的气氛;娱乐场所、酒店、商场等为了满足不同主体场景的照明要求,可配备与 LED 高效互动的照明管理系统协助照明控制;市政照明工程、室外情景照明、灯光广场也为夜游经济增光添色。

4) 智慧照明已成为行业发展趋势,创新技术、行业标准、智能家居、教室照明、智慧城市、景观照明等智能化控制技术及系统解决方案成为创新重点,新技术、新应用层出不穷,行业呈现快速发展态势。"以光汇友 智控未来——2021 智能照明控制系统创新应用论坛"在深圳举办,与会领导指出,在国家科技计划持续支持下,我国半导体照明从关键原材料、芯片、元器件到设备基本实现国产化,成为半导体照明产业强国,绿光、黄光 LED 光效位居国际领先水平,形成了政、产、学、研、用紧密合作的组织管理模式,成为国际合作的成功典范。2020 年 LED 照明产业产值达到 7000 亿元,实现年节电 2800 亿 kW·h,减少碳排放 2.2 亿 t。

5) LED 关键技术得到突破,硅衬底 LED 芯片及纯 LED 照明技术开创了国际上第三条 LED 技术路线,形成了硅衬底 LED 全产业链,解决了该技术领域的关键核心问题。半导体固态紫外光源材料及器件研制取得突破性进展,实现深紫外 LED 光输出功率超过 80mW,为科技战役取胜发挥了重要作用。超高清、高分辨率、大尺寸 LED 显示器,引领 LED 显示进入微小像素间距时代,建立起基于倒装集成的封装配套产业链,实现全部产品国产可控。国产 GaN 射频器件在移动通信领域的批量应用,初步形成国内 GaN 射频器件全产业链,确立国际市场地位。

6)《中共中央关于制定国民经济和社会发展第十四个五年规划和二〇三五年远景目标的建议》中将 SiC 和 GaN 为代表的宽禁带半导体技术列为"十四五"期间需要强化的"国家战略科技力量"。第三代半导体材料和器件应用于清洁能源领域，例如光伏、风电、直流特高压输电、新能源汽车、轨道交通等，将对实现"碳达峰、碳中和"目标起到至关重要的作用。

"十四五"期间 LED 的产业主要任务：由小到大、由大到强。

1）非功能性照明和创新应用：由小到大，提前部署，加强原始创新、集成创新，抓住 Mini/Micro LED、紫外 LED、红外 LED、光医疗、农业光照等新兴市场成长机会。

2）功能性照明：由大到强，总体规模稳步增长，结构调整，价值链提升，自主品牌 + 专利，核心竞争力和标准话语权提升。专业照明、智能照明、车用 LED、健康照明的市场占有率提升。

二、了解 LED 产业链

半导体材料与器件是当今社会的关注点，LED 及其相关的行业成为世界各国经济发展的一个节能高科技亮点。LED 产业的整条产业链分上游、中游、下游产业及产品应用，一般认为，LED 上游产业链是衬底、外延技术；中游是芯片制造；下游是 LED 灯珠封装，直至产品成品及应用等各个环节的相关产业，并且包括了各个环节中的生产和检测设备、配套物料等一系列产业。

LED 灯珠产业链的基本知识、技术工艺、产品特性都非常多，图 1-3 是 LED 灯珠产业链各环节以及相关工艺过程的示意图。图中上半部分为上游、中游环节，代表着行业的高技术、高投资领域；下半部分为 LED 灯珠封装以及产品应用，封装可谓起着承上启下的关键

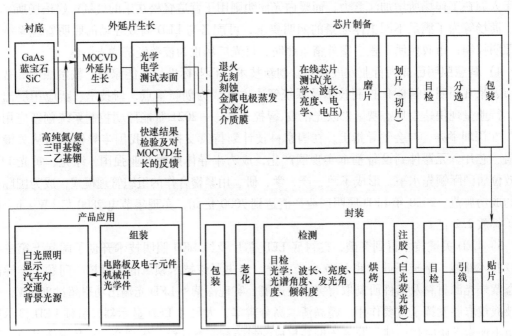

图 1-3　LED 灯珠产业链示意图

作用。从技术的垂直角度看，LED 产业具有典型的不均衡产业链结构，其自上而下是一种金字塔形的产业链，较高的利润集中在上游。

LED 产业链自上而下划分如下。

1. 上游：LED 发光材料外延片制造

LED 上游产业主要是指 LED 发光材料外延片制造，由于外延工艺的高速发展，器件的主要结构如发光层、限制层、缓冲层、反射层等均已在外延工序中完成。

在 LED 灯珠产业链的上游，我国面临的主要问题是缺乏核心技术和专利。LED 产业是技术引导型产业，核心技术和专利决定了企业在产业链的地位和利润分配。国产 LED 外延材料、芯片以中低档为主，部分功率型 LED 芯片、器件依赖进口。我国技术人员正在努力改变被动的局面，取得了很多突破性成果。

2. 中游：芯片制造

LED 中游产业主要是指芯片制造，芯片制造主要是制造正、负电极，根据元件结构的需求制造电极、焊点（电极的大小及形状会影响 LED 的发光效率和亮度）及切割成晶粒、完成分割检测。

在芯片的制造过程中，技术人员、制造设备和工艺流程是关键因素。技术人员对设备的操作和监测水平、设备所能制造的精密度、工艺流程（包括热处置、光刻、刻蚀、离子注入、薄膜堆积、化学机械研磨和清洗）等共同影响芯片的优良程度。芯片制造一般投入巨大，有较高的技术限制，如光刻、刻蚀等关键设备则被少数国际巨头把控。

3. 下游：LED 器件封装与测试

LED 下游产业主要是指 LED 器件封装与测试产业。从某种意义上讲是连接产业与市场的纽带，只有封装好的 LED 器件才能成为终端产品、才能投入实际应用，使产业链环环相扣、无缝畅通。这个领域的生产设备相比上中游设备相对简单，具备电子行业通用性，如固晶机、焊线机、点胶机等。LED 封装技术大都是在分立器件封装技术基础上发展与演变而来的，但也有很大的特殊性、差异性，它可以根据显示、照明、通信等应用场合的不同，封装出不同颜色、不同形状、不同品类的 LED 发光器件。

4. 应用：LED 显示或照明器

LED 应用主要是指 LED 显示或照明器，包含有 LED 显示屏、LED 交通信号灯、太阳能和风能路灯、LED 航标灯、液晶背光源、LED 车灯、LED 景观灯饰、室内外通用照明、LED 特殊照明等。就 LED 应用领域来讲，还应包括那些在家电、仪表、电子产品中的信息显示、指示，广告业、舞台艺术等领域也应用了各种 LED 灯光产品。

三、LED 的配套行业

从产业角度出发，可以认为 LED 产业链主要关注芯片制程、LED 封装和应用产品三大领域。其中芯片制程又分为衬底形成、外延片生长以及芯片制备成型三个部分，绝对的技术引导型、资本密集型产业，需要高端的工艺设备支持；LED 的封装相对固定；LED 的应用主要包括显示和照明两大领域，此外，还包括 LED 成品所需的驱动电源、原材料行业，以及各个环节生产设备的供应渠道等。因此，从产品的角度来了解 LED 产业，通常包括 8 个行业类细分产品：芯片、封装、驱动、显示、照明、设备、原材料、设计软件，出于对 LED 产品制造的完备性考虑，可以略做了解。

1. 芯片行业产品

业界已细分出黄色芯片、绿色芯片、蓝色芯片、红色芯片、紫色芯片、橙色芯片、普通芯片、功率型芯片、高亮度芯片、紫外芯片、激光管芯片等各类芯片。如果从外延片的层面分类，则有：GaN 外延、GaAs 外延、GaP 外延、InGaAlP 外延、InGaN 外延、AlGaAs 外延等。

2. 封装行业产品

业界已细分出全色 LED 发光管、双色 LED 发光管、白色 LED 发光管、蓝色 LED 发光管、红色 LED 发光管、黄色 LED 发光管、绿色 LED 发光管、橙色 LED 发光管、紫色 LED 发光管、食人鱼 LED、SMD LED、大功率 LED、特种 LED 发光管、红外发射/接收 LED 系列，加上点阵、模块方面的有 LED 点阵、LED 模块、LED 发光模块/条、数码管等。

3. 驱动与控制行业产品

属于典型的、通用类电子产品，一般有恒流驱动电源、恒压驱动电源，显示屏控制系统、灯光网络控制系统，LED 管理软件、LED 播放软件，以及各种电池等。

4. 显示行业产品

背光屏：侧背光、底背光、SMD 贴片背光、高亮度背光、液晶背光源、背光板、LED 导光板、导光膜、反射/扩散膜、ITO 膜等。

显示屏：全彩显示屏、双基色显示屏、单色显示屏、资讯显示板、LED 数码屏、广告显示牌、记分板等。

指示屏灯：LED 霓虹光源、立体发光字、标志灯、特殊指示灯、LED 广告灯等。

5. 照明行业产品

交通照明：LED 交通灯、行人控制灯、变化信息牌、航路控制灯、航空灯、机场灯、飞机内灯、机外灯、障碍灯、灯塔灯等。

景观照明：LED 杯灯、LED 幕墙灯、地砖灯、草坪灯、地埋灯、水底灯、护栏灯、室外射灯、LED 轮廓灯、LED 彩虹管、LED 球泡灯、LED 像素灯、LED 星星灯、LED 柔性光条、LED 灯串、泛光灯、LED 舞台灯等。

室内照明：吸顶灯、LED 台灯、LED 壁灯、LED 吊灯、LED 射灯、LED 灯饰、LED 小夜灯、家用大功率灯等。

汽车灯：LED 汽车前灯、LED 汽车后灯、LED 刹车灯、车内照明灯、汽车侧灯、底盘灯、仪表灯、车内装饰灯等。

特种照明：手电筒、LED 矿灯、LED 应急灯、手摇灯、圣诞灯等。

灯饰配件：灯杯外壳、灯头、灯座、五金配件、塑胶配件、玻璃配件、散热架、照明散热铝板等。

6. 设备行业产品

生产所需的专门设备主要集中在芯片和封装领域，其他配套设备通用性较强，在此不特别提及。

芯片设备：衬底外延/芯片制造设备、测试设备/仪器、超声清洗机、光热固化机、点光源/光源器、MOCVD 及配套设备等。

封装设备：LED 灌胶机、分光分色机、扩晶机、固晶机、焊线机、绑定机、点胶机、粘胶机、晶圆划机、背胶机、脱模机、切脚机、烤箱、光电显微镜、显微镜座、数码管/点阵检测仪、测试仪器、抽真空机、液压机、光谱分析仪等。

7. 原材料行业产品

业界已细分出衬底晶体、MO 源、高纯气体、模条/夹具/基板、支架、透镜、化学溶液、荧光粉、翻转膜、晶圆膜、金线/铝线、扩晶环、LED 胶带、环氧树脂、绝缘胶/有机胶/导电银胶、精密模具、固晶座、塑胶制品、LED 增亮剂、劈刀/钢/瓷嘴等。

以上从产品的角度介绍了 LED 各行业的划分，而这些不同行业之间也存在着互相渗透，共同构成完整的 LED 产业集群。

8. 设计软件

这里包括大家熟悉的 EDA 设计软件，国际上三家头部 EDA 软件设计公司占据国内市场的 90%以上，华大九天国产 EDA 凭借数字全流程化，在芯片制造、封装测试系统中不断优化升级，目前能解决的产业流程方案不足行业现行操作流程的一半，所以软件国产化前途远大。广义上讲，这里包括产业链的一系列设计、制造、业务信息化软件，比如光学设计的 Light Tools、TracePro，照明设计的 ZEMAX、DIALux，工艺和器件仿真软件 Silvaco 等。

任务细分

每一年的灯光秀都代表了一个时代主题，每一款作品都展示出设计者的别具匠心，利用互联网收集灯光秀的作品，然后做交流、分析，分解作品的材料、结构、造型、文化内涵，尝试探寻照明的时代脉络、LED 的变革创新。

任务准备

一个优秀的现代化城市必定蕴含科技、人文、生态三大内涵。根据广州市"十二五"规划和建设"智慧广州、低碳广州、幸福广州"的指导思想，结合广州的规划目标和照明现状，及其历史文化底蕴和现代化大都会地位，在成功举办第十六届亚洲运动会之后，市政府提出创办"广州国际灯光节"的设想。

举办至今，广州国际灯光节已从一个中心点辐射至全城，发展成为一个艺术、科技、文化等多领域联动的大型活动，为中外设计师提供了一个艺术交流平台。同时利用其自身的品牌影响力，将灯光文化艺术推广到全国乃至全球其他城市。作为广州的城市新名片，广州国际灯光节不仅肩负着传播广府文化、弘扬本土情怀的社会责任，也扮演着为市民普及创新思维和尖端科技的角色。

每年都有超过 30 组灯光作品在广州国际灯光节展出，累计已有超过 1000 名国内外艺术设计师参与设计投稿。如今，广州国际灯光节已与悉尼灯光节、里昂灯光节并列为世界三大灯光节，并在 2015 年入选联合国教科文组织"国际光年"大型文化活动。几年来，广州国际灯光节共吸引超过 6300 万游客参观，成功创下了国际灯光节类项目参观人数之最。

任务实施

图 1-4 是广州国际灯光节部分作品的展示。收集自己喜欢的一类或一种产品，写一份相关作品的报道，以光为媒介，体现光影艺术、精巧技术、科技创新等特点，描绘主题突出、导向鲜明、内涵丰富的灯光作品，向世界讲好中国故事，讲好新时代中国特色社会主义。

图 1-4　广州国际灯光节历年部分作品

任务评价

通过自评、互评、教师评相结合等方式，评判报道内容、专业描写的优劣。

评价指标	相关作品报道	自评	互评	教师评	总评
内容扣题 40%					
技能导向性 20%					
专业知识点 20%					
思政关联性 10%					
形式新颖性 10%					

任务二　LED 灯珠的结构

学习目标

1. 了解 LED 灯珠结构、封装材料及照明知识。

2. 了解 LED 灯珠种类，不同种类的不同特点、不同用途，理解分类的角度。

3. 能够运用所学知识，对 LED 灯珠结构进行剖析，解释 LED 灯珠性质。

相关知识

一、灯珠结构剖析

接入外部正向电路以后，LED 灯珠实质上就是一个带有正电极和负电极的小灯泡，按正确的极性通上大于开启电压的直流电源就能发光。LED 灯珠的外观如图 1-5 所示。

图1-5 部分直插式、表面组装贴片式、功率型 LED 灯珠外观图

在内部结构上，不同类型的 LED 灯珠结构会有所差异，以适应不同应用场合的要求。但就其共性结构而言，一个完整的 LED 灯珠通常由支架、固晶胶、芯片、金线、封装胶等构成。仍以直插式 LED 灯珠为例，其内容结构如图1-6所示。

LED 灯珠中各部分组成、特性、作用如下。

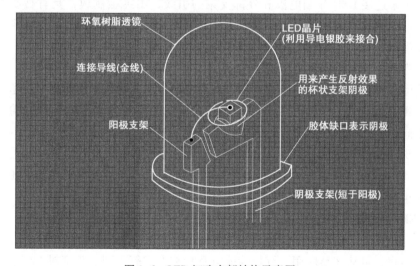

图1-6 LED 灯珠内部结构示意图

（1）支架

LED 支架的主要作用是固定晶圆，同时可作为 LED 灯珠引向外部的正负电极，在某些场合下，可以起到反光杯的作用。支架结构根据其类型不同可分为直插式支架、贴片式支架、食人鱼支架等，也根据其大小编制不同的型号。比如传统直插式 LED 支架，是在铁质的底材上，依次镀上铜膜（导电性好，散热快）、镍膜（防氧化）和银膜（反光性好，易焊线）而成。

（2）固晶胶

固晶胶分为导电胶（银胶）、导热胶（白胶）或绝缘胶（透明胶）三种，其中以绝缘胶的应用最为广泛。固晶胶根据材料不同又可分为环氧固晶胶和有机硅固晶胶两大类，环氧固晶胶粘结力强，但耐热性能差，易黄变，光衰严重，只能用于小功率产品；而有机硅固晶胶耐温性好，不易黄变，适用范围更广。银胶的要求是导电、导热性能要好，剪切强度要大，并且粘结力要强。银胶的种类有 H20E、826 - 1DS、84 - 1A 等不同的型号，其构成成分包括银粉（导电，散热，固定晶圆）、环氧树脂（固化银粉）、稀释剂（易于搅拌）等。

LED 灯珠中通常也使用导热胶，也叫白胶（为乳白色），起导热、粘结作用。导热胶要求导热性好，剪切强度要大，并且粘结力要强。

（3）芯片

晶圆是 LED 灯珠的核心部分，在生产成本中占主要部分。LED 晶圆又称 LED 芯片（Chip）、晶片，由磷化镓（GaP）、镓铝砷（GaAlAs），或砷化镓（GaAs）、氮化镓（GaN）等材质组成，其内部结构为一个 PN 结，具有单向导电性，是发光的部分所在。芯片的发光色取决于其材料，常见单色可见光芯片发出的光的颜色和波长为：暗红色（700nm）、深红色（640～660nm）、橘红色（615～635nm）、琥珀色（600～610nm）、黄色（580～595nm）、黄绿色（565～575nm）、纯绿色（500～540nm）、蓝色（435～490nm）、紫色（380～430nm）。白光和粉红光是一种光的混合效果。最常见的是由蓝光 + 黄色荧光粉和蓝光 + 红色荧光粉混合而成。

（4）金线

金线是用来连接 LED 晶圆电极和外部支架的引线，由纯金制成，具有材质较软、易变形且导电性好、散热性好的特性，可使晶圆与支架之间形成一个闭合电路。LED 灯珠中所用到的金线规格有 $\phi 1.0$mil、$\phi 1.2$mil，LED 用金线的材质一般含金量为 99.9%。

（5）封装胶

封装胶可保护 LED 内部结构，使 LED 成型，同时使得 LED 光线形成一定角度。其也能稍微改变 LED 的发光颜色、亮度及角度。不同的灯珠，其内部结构即各部分的形状、大小等会有所不同，有的灯珠如白光 LED 灯珠等还要在其中加入荧光胶等。

LED 灯珠中的环氧树脂通常由 A、B 两组胶剂按照等质量比例（如 1:1）混合而成，其中 A 胶是主剂，由环氧树脂、消泡剂、耐热剂、稀释剂构成；B 剂是固化剂，由酸酐、离模剂、促进剂组成。

二、LED 主要分类

LED 的分类是一个综合性的问题，根据所考虑问题的不同，可对 LED 进行不同角度的分类。一般而言，可从产品应用、灯珠性能以及封装方式等不同的角度对 LED 进行分类。

1. 根据 LED 产品应用场合分类

根据 LED 产品应用场合的不同可以把 LED 分为以下的五大类别。

（1）信息显示

电子仪器、设备、家用电器等的信息显示、数码显示和各种显示器，以及 LED 显示屏（信息显示、广告、记分牌等）。

（2）交通信号灯

城市交通、高速公路、铁路、机场、航海和江河航运等用的信号灯。

（3）汽车用灯

汽车内外灯、转向灯、制动灯、雾灯、前照灯、车内仪表显示及照明等。

（4）LED 背光源

小尺寸背光源：小于 10in⊖，主要用于手机、MP3、MP4、PDA、数码相机、摄像机和健身器材等；中等尺寸背光源：10～20in，主要用于手提电脑、计算机显示器和各种监视器；大尺寸背光源：大于 20in，主要用于彩色电视的 LCD 显示屏。

（5）LED 照明

根据不同场合下的照明，LED 照明又可进一步分为以下几个小类。

1）室外景观照明：护栏灯、投射灯、LED 灯带、LED 异形灯、数码灯管、地埋灯、草坪灯、水底灯等。

2）室内装饰照明：壁灯、吊灯、嵌入式灯、射灯、墙角灯、平面发光板、格栅灯、荧光灯、筒灯、变幻灯等。

3）专用照明：便携式照明（手电筒、头灯）、低照度灯（廊灯、门牌灯、庭用灯）、阅读灯、显微镜灯、投影灯、照相机闪光灯、台灯、路灯等。

4）安全照明：矿灯、防爆灯、应急灯、安全指示灯等。

5）特种照明：军用照明灯、医用无热辐射照明灯、治疗灯、杀菌灯、农作物及花卉专用照明灯、生物专用灯、与太阳能光伏电池结合的专用 LED 灯等。

6）普通照明：办公室、商店、酒店、家庭用的普通照明灯等。

2. 根据 LED 灯珠性能分类

（1）按照 LED 灯珠芯片发光颜色分类

按照发光管发光颜色，可分成红色、橙色、绿色（又细分为黄绿、标准绿和纯绿）、蓝光等。另外，有的 LED 发光二极管中包含两种或三种颜色的芯片。

根据发光二极管出光处掺杂或不掺杂散射剂、有色还是无色，上述各种颜色的发光二极管还可分成有色透明、无色透明、有色散射、无色散射四种类型。散射型发光二极管还可以用作指示灯。

（2）按照 LED 灯珠出光面特征分类

1）按照发光管出光面特征可分为圆灯、方灯、矩形灯、面发光管、侧向管、表面安装用微型管等。

2）圆形灯按直径分为 $\phi2mm$、$\phi4.4mm$、$\phi5mm$、$\phi8mm$、$\phi10mm$ 及 $\phi20mm$ 等。

3）按发光强度角分布可分为：

① 高指向性型。一般为尖头环氧封装，或带金属反射腔封装，且不加散射剂。半值角度为 5°～20°或更小，具有很高的指向性，可用作局部照明光源，或与光检出器联用以组成自动检测系统。

② 标准型。通常用作指示灯，其半值角度为 20°～45°。

③ 散射型。这是视角较大的指示灯，半值角度为 45°～90°或更大，散射剂的量较大。

（3）按照 LED 灯珠的内部结构分类

⊖　1in = 0.0254m。

按照发光二极管的结构可分为有全环氧包封、金属底座环氧封装、陶瓷底座环氧封装及玻璃封装等结构。

（4）按照 LED 灯珠发光强度和工作电流分类

按照发光强度和工作电流可分为普通亮度的 LED（发光强度 10mcd）、高亮度 LED（发光强度在 10 ~ 100mcd）、超高亮度（发光强度达到或超过 100mcd）。一般 LED 的工作电流在十几 ~ 几十 mA，在保持普通亮度下，低电流 LED 的工作电流可以在几 mA 以下。

任务细分

1）剖析直插式、SMT、COB 或其他类型灯珠，了解其材料、结构、电气连接、大小、特点和工艺等。

2）剖析 LED 平板灯（嵌顶灯、壁灯、轨道灯、射灯等）的灯板，了解灯珠阵列，了解其中元器件、组件。

任务准备

必备：锤子、镊子、钳子、螺丝刀、电烙铁、万用表，各种类型的灯珠、LED 平板灯。

可选：照度计、光度计、电阻、电线及直流电源等相关设备。

任务实施

1）拆解 LED 平板灯（嵌顶灯、壁灯、轨道灯、射灯等）的灯板，分离出灯珠阵列板，沿电路绘制灯珠连接结构，通电测量光电参数，验证绘制的线路图。

2）恢复 LED 灯具，感悟焊接的过程，体验产品质量的保证因素。

3）剖析直插式、SMT、COB 或其他类型灯珠，能够正确使用常用工具、仪器仪表，了解封装结构，能够运用所学的理论知识分析和处理实训现象。

任务评价

通过自评、互评、教师评相结合等方式，做好数据结果分析和实验报告讨论。

剖析灯珠、灯板、任务实施过程评价表

项目名称	评价内容	分值	评价分数		
			学生自评	小组互评	教师评价
1. 剖析灯珠（40分）	剖析直插式灯珠，了解其材料、结构、电气连接、大小、特点和工艺等	10分			
	剖析 SMT 灯珠，了解其材料、结构、电气连接、大小、特点和工艺等	10分			
	剖析 COB 灯珠，了解其材料、结构、电气连接、大小、特点和工艺等	10分			
	剖析其他类型灯珠，了解其材料、结构、电气连接、大小、特点和工艺等，完成几种灯珠的对比报告	10分			

（续）

剖析灯珠、灯板、任务实施过程评价表

项目名称	评价内容	分值	评价分数		
			学生自评	小组互评	教师评价
2. 剖析灯板（35 分）	剖析 LED 平板灯的灯板，了解灯珠阵列，了解其中的元器件、组件	6 分			
	剖析 LED 嵌顶灯的灯板，了解灯珠阵列，了解其中的元器件、组件	6 分			
	剖析 LED 壁灯的灯板，了解灯珠阵列，了解其中的元器件、组件	6 分			
	剖析 LED 轨道灯的灯板，了解灯珠阵列，了解其中的元器件、组件	6 分			
	剖析 LED 射灯的灯板，了解灯珠阵列，了解其中的元器件、组件	6 分			
	了解其他类型灯板，了解灯珠阵列，了解其中的元器件、组件，完成几种灯板的对比报告	5 分			
3. 任务实施（25 分）	分离出灯珠阵列板，沿电路绘制灯珠连接结构	5 分			
	通电测量光电参数，验证绘制的线路图	5 分			
	恢复 LED 灯板，感悟焊接过程	5 分			
	装回 LED 灯具，感悟组装过程	5 分			
	作业人员及检验人员需测试防静电环是否良好并记录，是否有违反注意事项	5 分			
总分		100 分			
总评	自评(20%) + 互评(20%) + 师评(60%) =	综合等级	教师（签名）：		

任务三　LED 芯片结构与发光机理

学习目标

1. 理解芯片发光机理、封装方式、封装工艺以及封装关键技术。

2. 理解等效电路的工作过程，了解哪些因素会影响 LED 产品的电气性能和光学性能。

3. 理解 LED 的电流特性及其与其他参数的关系，理解恒流要求。

4. 掌握基本实验技能，能够正确使用常用仪器仪表进行基本光电参数的测量及数据分析、处理、检查和判断。

5. 养成良好的产品设计理念，关注产品的性能价格比。

相关知识

一、LED 芯片类型

LED 照明光源的核心是 LED 灯珠，封装 LED 灯珠的核心是 LED 芯片，芯片的光学性能影响着封装的光学性能。改进芯片结构，不断提高芯片的性能是当前芯片技术研究的重点，由此衍生出了具有各种复杂结构和表面特征的芯片。但是，这些芯片的结构设计经常忽略了芯片在封装制造过程中的潜在问题，导致芯片的封装效果低于预期。这意味着一些对芯片性能提升效果十分明显的结构设计方法，不一定能有效地改善封装性能。

另一方面，为达到预期的封装效果，在封装设计之初，就必须充分考虑所采用芯片的结构。不同的芯片结构需要采用不同的封装结构设计和制造工艺，才能使封装后的 LED 芯片具有最佳的光学性能。当所要实现的封装效果不能通过某种芯片满足时，就必须采用特定的芯片来进行封装设计。否则，无论如何改进封装设计，不仅不会实现目标，还会造成资源浪费，影响整个设计和制造流程。

一般情况下，LED 芯片有按照芯片功率大小分类的，也有按照波长、颜色分类的，还有按照材料的不同进行分类的。但无论怎样分类，对 LED 芯片供应商和 LED 芯片采购商来说，LED 芯片应当提供下列技术指标：LED 芯片的几何尺寸、材料组成、衬底材料、电极材料，LED 芯片所发光的波长范围，LED 裸晶芯片的亮度范围，LED 芯片的正向电压、正向电流、反向电压、反向电流，LED 芯片的工作环境温度、储存温度、极限参数等。

LED 芯片按照发光亮度分类可分为，一般亮度：R（红色 GaAsP 655nm）、H（高红 GaP 697nm）、G（绿色 GaP 565nm）、Y（黄色 GaAsP/GaP 585nm）、E（橘色 GaAsP/ GaP 635nm）等；高亮度：VG（较亮绿色 GaP 565nm）、VY（较亮黄色 GaAsP/ GaP 585nm）、SR（较亮红色 GaAlAs 660nm）；超高亮度：UG、UY、UR、UYS、URF、UE 等。

LED 芯片按照组成元素可分为，二元晶圆（磷、镓）：H、G 等；三元晶圆（磷、镓、砷）：SR（较亮红色 GaAlAs 660nm）、HR（超亮红色 GaAlAs 660nm）、UR（最亮红色 GaAlAs 660nm）等；四元晶圆（磷、铝、镓、铟）：SRF（较亮红色 AlGaInP）、HRF（超亮红色 AlGaInP）、URF（最亮红色 AlGaInP 630nm）、VY（较亮黄色 GaAsP/GaP 585nm）、HY（超亮黄色 AlGaInP 595nm）、UY（最亮黄色 AlGaInP 595nm）、UYS（最亮黄色 AlGaInP 587nm）、UE（最亮橘色 AlGaInP 620nm）、HE（超亮橘色 AlGaInP 620nm）、UG（最亮绿色 AlGaInP 574nm）LED 等。

从 LED 芯片制造的专业角度看，还可以根据其结构进行如下分类。

1. MB 芯片

金属键合（Metal Bonding，MB）芯片，其特点如下：

1）采用高散热系数的材料，比如 Si，作为衬底，散热容易。

2）通过金属层来键合（Wafer Bonding）类晶层和衬底，同时反射光子，避免衬底的吸收。

3）导电的 Si 衬底取代 GaAs 衬底，具备良好的热传导能力（导热系数相差 3~4 倍），更适应于大电流驱动的应用。

4）底部金属反射层，有利于光度的提升及散热。

5）尺寸可加大，特别适合应用于大功率领域。

2. GB 芯片

胶粘键合（Glue Bonding，GB）芯片，其特点如下：

1）透明的蓝宝石衬底取代吸光的 GaAs 衬底，其出光功率是传统 AS 芯片的 2 倍以上，蓝宝石衬底类似 TS 芯片的 GaP 衬底。

2）芯片四面发光，具有出色的模式图。

3）亮度方面，其整体亮度已超过 TS 芯片的水平（8.6mil）。

4）双电极结构，其耐高电流方面要稍差于 TS 单电极芯片。

3. TS 芯片

透明衬底（Transparent Structure，TS）芯片，其特点如下：

1）芯片工艺制作复杂，远高于 AS LED。

2）信赖性卓越。

3）透明的 GaP 衬底，不吸收光，亮度高。

4）应用广泛。

4. AS 芯片

吸收衬底（Absorbable Structure，AS）芯片，其特点如下：

1）四元芯片，采用 MOVPE 工艺制备，亮度相对于常规芯片要高。

2）可靠性优良。

3）应用也比较广泛。

结构与其发光颜色的关系见表 1-1。

表 1-1　LED 芯片结构和其发光颜色的关系

类别	颜色	波长	结构
可见光	红	645～655nm	AlGaAs/GaAs
	高亮度红	630～645nm	AlGaInP/GaAs
	橙	605～622nm	GaAsP/GaP
	高亮度橙		AlGaInP/GaAs
	黄	585～600nm	GaAsP/GaP
	高亮度黄		AlGaInP/GaAs
	黄绿	569～575nm	GaP/GaP
	高亮度黄绿		AlGaInP/GaAs
	绿	555～560nm	GaP/GaP
	高亮度绿		AlGaInP/GaAs
	高亮度蓝绿/绿	490～540nm	GaInN/Sapphire
	高亮度蓝	455～485nm	GaInN/Sapphire
不可见光	红外线	850～940nm	GaAs/GaAs AlGaAs/GaAs AlGaAs/AlGaAs

二、LED 芯片结构

不断提升 LED 芯片性能也是芯片技术研究的重点之一。作为半导体发光器件的核心部件，LED 芯片主要由砷（As）、铝（Al）、镓（Ga）、铟（In）、磷（P）、氮（N）、锶（Sr）这几种元素中的若干种组成。从结构上，芯片主要由两部分组成，一部分是 P 型半导体，在它里面空穴占主导地位；另一部分是 N 型半导体，在它里面主要是电子。当这两种半导体连接起来时，它们之间就形成一个 PN 结。当电流通过导线作用于这个 PN 结时，电子就会被推向 P 区，在 P 区里电子与空穴复合，然后就会以光子的形式发出能量。而光的波长也就是光的颜色，是由形成 PN 结的材料决定的。从制造工艺的角度看，LED 芯片结构示意图如图 1-7 所示。

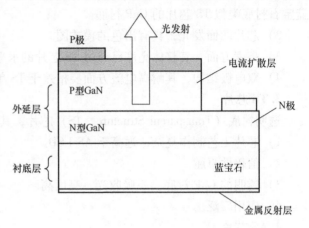

图 1-7　LED 芯片结构示意图

从用户的角度看，LED 等同于一个使用直流电源驱动的小灯泡，但是作为 LED 相关行业的技术工作者，仅仅知道这一点显然是远远不够的。芯片产业本质上是制造产业，LED 芯片作为 LED 的核心，是一个半导体材质的电致发光结构。在一个衬底上通过使用不同的工艺使其形成 P 型半导体和 N 型半导体，中间交接的地方则称为 PN 结。

在 PN 结的结构中，自由电子多的半导体是 N 型半导体，自由电子也称为多子；空穴很少，几乎为零，空穴也称为少子。同理，空穴多的半导体是 P 型半导体，P 型半导体中自由电子为少子，空穴为多子。自由电子与空穴结合后，在两个界面的交界处，会产生电子和空穴的浓度差异。由于浓度的差异，电子会向空穴区域扩散，也就是电子从 N 型区域扩散到 P 型区域。扩散的结果是 P 型区域失去了空穴，带负电；N 型区域失去了电子，带正电。由于在开路时，半导体中的粒子单独存在，不能导电，导致这些带电粒子在交界面附近形成空间电荷区，这个空间电荷区与 P 型半导体和 N 型半导体所带的空穴和电子的掺杂浓度和厚度有关。当电荷区形成之后，两边电荷相互作用形成了内部的电场，方向是 N 型半导体指向 P 型半导体。这个电场的方向和电子空穴的扩散方向正好相反，阻止了其继续复合运动。这时，P 型半导体的电势高于 N 型半导体的电势，与半导体的物理性质相关，形成一个固定的电势，叫作势垒。

在势垒的作用下，P 型半导体和 N 型半导体处于一个平衡的状态，这时的结构也叫作 PN 结。当外加正向电压时，即 P 型半导体接高电位，会发生过剩载流子复合，根据复合完成之后所释放的能量进行分类，可以分为辐射复合和非辐射复合。辐射复合会产生光子，在辐射复合中，存在着能量守恒和动量守恒。能量守恒原理表明了光子能量等于电子空穴对之间的能级能量差，也就决定了辐射的光子的频率或波长。不产生光子的复合都称为非辐射复合，这部分过剩载流子的复合以热能等其他方式释放能量，非辐射复合的本质就是将电子和空穴对复合而释放的能量转化为其他形式能量。

LED 芯片的形成远非两层半导体这么简单，GaN 蓝光 LED 发光部分的器件结构是借鉴传统 AlGaAs 和 AlGaInP 器件结构而来的，通过逐层外延生长得到。一个典型的基于蓝宝石衬底的外延片结构，其外延生长步骤如下。

1）首先通过低温在蓝宝石衬底上生长 GaN 缓冲层。其作用是缓冲蓝宝石和其上一层的高温 GaN 的晶格失配，减少热应力失配。

2）在缓冲层上生长高温 GaN 和 N 型 GaN。高温 GaN 生长往往需要较高的温度来分解获得 N 原子，生长温度为 970 ~ 1080℃，当 GaN 层达到一定厚度时在 MOCVD 里通入特殊气体，掺杂 Si 获得 N 型 GaN，掺杂浓度控制在 $5 \times 10^{18} \sim 5 \times 10^{19} \, \text{cm}^{-3}$。

3）有源层的生长。有源层一般采用五周期的量子阱结构。在上述步骤的基础上，降低温度，开始生长第一个 InGaN 量子阱。生长 InGaN 量子阱的温度较低，一般控制在 700 ~ 800℃，往往温度越高，量子阱中的 In（铟）含量越低，发光波长越短；而温度越低，InGaN 量子阱中 In 含量越高，波长越长。InGaN 势垒层的厚度一般控制在 3nm，其后升高温度到约 850℃，生长 GaN 势垒。此时温度不能太高，过高容易使得已经生长的 InGaN 量子阱中的 In 分凝、脱附。GaN 势垒层的厚度往往控制在 10 ~ 20nm。之后，再降低温度，继续生长第二量子阱，再其后重复上一步骤，一共生长五个周期的量子阱发光层。势垒和势阱通常不进行掺杂。这一步骤是 GaN 基 LED 制备的最为关键的步骤，其中的 InGaN 量子阱直接决定了 LED 的发光性能。

4）电子阻挡层。在上述步骤的基础上外延 P 型 AlGaN 层，作为电子阻挡层。GaN 基 LED 材料中，电子具有比空穴大得多的电子迁移率，生长一层 AlGaN 电子阻挡层，可以抬高电子势垒高度，阻挡电子穿过最后一个量子阱到达 P 型覆盖层，使电子和空穴在量子阱中发光。生长高质量 P 型 AlGaN 层往往需要较高温度，然而由于已经存在量子阱，抬高的温度容易破坏已经生长的 InGaN 量子阱，往往需要找到适当的平衡点。P 型掺杂的杂质是 Mg，取代 GaN 中的 Ga 原子位。此外，温度太高也容易造成 Mg 原子扩散到量子阱中，从而破坏量子阱结构。

5）P 型覆盖层生长。继续适当降低温度，在 P 型 AlGaN 层上生长 P 型 GaN，厚度控制在 200nm 左右，同样需要精确控制温度。温度太低，则会导致材料质量的退化；温度太高，则会破坏量子阱。此外，需要适当增大 Mg 的掺杂浓度，以便获取良好的欧姆接触。

6）P 型材料层退火激活。一般采取原位退火。在 Mg 掺杂的 GaN 材料中，Mg 很容易在 MOCVD 生长的过程中形成 Mg – H 络合物，需要通过加热或采取其他方式使得 Mg – H 络合物分解，从而使得杂质 Mg 活化来提高空穴载流子浓度。由于热退火方便，它已经成为 Mg 激活的主流工艺。然而，一旦 Mg 的掺杂浓度足够高，P 型 GaN 的空穴载流子浓度不会继续提高，使得 P 型 GaN 具有一定的电阻，在 LED 工作中，形成电压降。

图 1-8 为 LED 发光原理以及结构图，在 LED 的 PN 结合部有一发光层，当注入电流时，在该处电子和空穴复合后，放出与电子和空穴的能量差相对应的能量 $h\gamma$（h 为普朗克常数，γ 为频率）而发出光子，该能量差相当于半导体材料的带隙能量 E_g（单位：电子伏 eV），其与发光波长 λ（单位：μm）的关系为 $\lambda = 1.24/E_\text{g}$，因此通过选择不同带隙宽度的材料，其发射光谱可以有红外光、可见光、紫外光波段，而且这类器件的发射光谱与温度有很大关系。

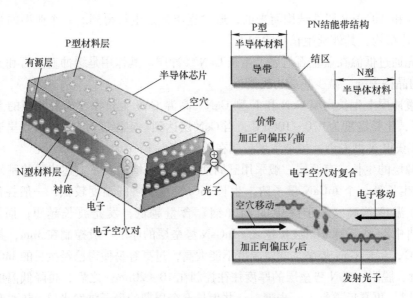

图 1-8　LED 发光原理以及结构图

要想得到大功率 LED 器件，就必须制备合适的大功率 LED 芯片。随着技术发展，芯片二维尺寸不断地增大。LED 芯片结构设计，一方面是优化其热学、光学性能；另一方面是优化芯片上的电极结构，使得整个芯片在工作后得到均匀的电流扩散分布。如果电流分布不均匀，往往会导致热流密度以及光通量的不均匀分布，在芯片内部产生局部的热斑，这样将大大降低 LED 器件的效率和可靠性。为了减少横向 LED 芯片中的电流不均匀分布，有效电流路径长度必须很短并且相等，该长度取决于 P 电极和 N 电极的空间距离。

图 1-9b 芯片电极通过优化后，电流密度在整个芯片分布的均匀性要比图 1-9a 好。因此对于大功率 LED 芯片，单独一个电极设计是不利于电流扩散的，而采用梳状条形交叉电极、梳状条形与点状结合的电极以及米字形的电极结构设计，可以使得芯片内电流分布比较均匀。

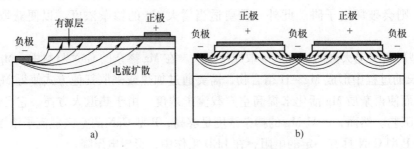

图 1-9　不同电极结构的电流扩散分布

芯片作为 LED 核心器件，其光学特性决定了最终整个封装模型的性能。为提高发光效率并解决散热等问题，LED 芯片结构也有多种类型，主要有水平结构、倒装结构、垂直结构。

1. 水平结构

采用水平结构的 LED 芯片，其电极均位于芯片顶部，由于顶部是芯片的出光面，所以水平电极的存在会阻碍光的出射，出光效果较低。

2. 垂直结构

采用垂直结构的 LED 芯片，其顶部与底部各为一电极，顶部只有一个电极（负极），出光效果较水平电结构好，而且芯片中的垂直电极使内部电子在垂直方向运动，大大提高电子空穴对的复合速率及有源层的利用率。当前，在保证一定的发光效率的情况下，向单个垂直结构的芯片内注入较大的电流以提高光通量已经逐渐成为 LED 芯片发展的方向。

3. 倒装结构

倒装芯片即将水平电极结构芯片倒转，将其电极面作为反射面（电极图形往往涂满整个面来提高反射效果），衬底作为出光面，此时没有电极等因素阻碍光的输出，出光效果较水平结构好。另外，此时由于电极的覆盖使得电流的扩散均匀，提高了有源层的利用率。

与正装结构的 LED 相比，采用倒装结构的芯片在焊接时可使产生的热量由焊接层传导至衬底，再经衬底和粘结材料传导至金属底座。由于其有源发热区更接近于散热体，可降低内部热沉、热阻。目前的衬底材料、工艺以及焊接材料、技术等因素，制约了其传热性能的进一步提高。

任务细分

以国产蓝光芯片为例，芯片的光谱和光电性质决定了蓝光的使用条件和性能，例如，不同的正向电流驱动会对蓝光芯片的发射光谱、发射峰和半高宽、色坐标、光通量和光效等重要参数产生影响。

通过测试简单的等效电路，了解影响 LED 产品电气性能和光学性能的因素有哪些；理解 LED 产品的电流特性及其与其他参数的关系，理解恒流要求；掌握 LED 的工作电路结构，能根据电源特征值计算 LED 连接结构或根据光学要求计算电源特征值。

了解与芯片相关的一些光电特性是封装设计和器件应用的基本前提，学会自己动手，制作简单的测量仪器，并验证相关理论知识。

任务准备

准备不同封装形式的蓝光灯珠，有条件的配置与灯珠匹配的铝基板。

准备若干面包板、电路洞洞板、大功率滑动电阻器或保护电阻器。

准备直流电源、万用表、功率计或功率分析仪、示波器。

任务实施

一、LED 元件（蓝色单珠）简化光源的等效电路测量

在万能板上搭建单个 LED 元件简化光源的等效电路，如图 1-10 所示。准备多种 LED 发光元件逐一比较，通过调节电源电压或改变可变电阻获得不同的工作电流、反向特性，检验 LED 的电特性。模拟点光源做光学测试，理解电源、电阻、发光元件的不同作用，测试 LED 等效电路的主要光电特性及参数，绘制图线并简单分析。

LED 本质是半导体，目前由化合物半导体材料制成的二极管，也具有与硅、锗单晶体二极管类似的 PN 结工作过程，且其电流 – 电压特性曲线、光通量与电流特性及热学特性都有一定可比性。

为了理解 LED 的工作原理，选择 LED 直流电路上的正向电流、反向电压和反向电路中的漏电流等进行测试，了解这些常见的、基本的电学参数，如图 1-11 所示，认识 LED 工作的特点，完成以下电学特性测试。

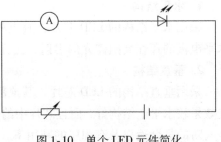

图 1-10　单个 LED 元件简化光源的等效电路图

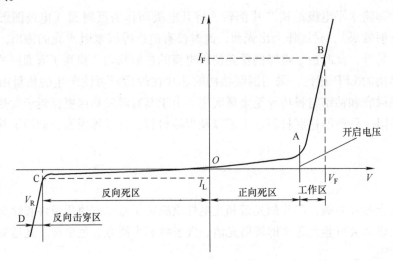

图 1-11　LED 工作电流 – 电压变化特性曲线示意图

1）最大允许功耗 P_m：类似一般的电子器件，LED 工作时，需外加电压、电流促使载流子复合发光，流过 LED 的电流和对应的电压有效值相乘，就是 LED 消耗的功率。部分电功率将转化为光能，还有一部分转化为热能，使结温升高。结温与电流关系密切，散热设计也会影响器件的功率利用。正常的产品设计有一个标定的额定功率，我们把 LED 两端允许的正向电压有效值与正向电流有效值相乘得到的最大值称为最大允许功耗 P_m。超过此值，LED 会毁坏。

2）正向额定电流 I_F：LED 正常工作在额定功率下的正向电流。不同 LED 的 I_F 值不同，不能混用，一般情况下小功率 LED 的 I_F 在 15 ~ 25mA 之间，大功率 LED 的 I_F 大多在 200 ~ 1000mA 的范围。LED 两端所允许的最大正向电流，称为最大正向电流 I_{Fm}，一旦超过这个值，容易造成 LED 损坏。

3）正向导通电压 V_F：LED 正向导通时加在 LED 正负两端的电压，一般是在额定电流下测得。正向电压为 LED 发光建立起一个正常的工作状态，使得器件工作在工作区。超过这一工作电压，电路电流的增长将导致正向电压升高，影响发光特性，甚至引起电流超过正常值。

4）反向击穿电压 V_R：LED 正常工作时，两端所允许的最大反向电压。对 LED 所加反向电压超过此值时，LED 将被反向击穿，一般大功率 LED 的反向击穿电压为几伏。其极限值称为最大反向电压 V_{Rm}，超过 V_{Rm} 会引起反偏电流大幅增加。

与普通二极管类似，当施加在 LED 上的电压高于反向击穿电压时，反偏电流会大幅增加但反向电压变化不大。测试时在一段特定时间内提供一个较低的反偏电流，同时测量 LED 两端的电压降。每当发现电流开始增大时，读取反向电压值，取电压最小值。测量结果通常在几伏到几十伏的量级。

5）反向漏电流 I_L：加在 LED 两端的反向电压为一定值时，流过 LED 的电流称为反向漏电流。它代表了 LED 芯片在反向电压偏置下，产生的漏电流。

当反向电压低于击穿电压，LED 中有小电流泄漏，可测试、检验 LED 的漏电流。测试时加载特定的反向电压，经过一定时间后测量流过 LED 的相应电流。测试过程要检验测得的漏电流是否低于一定的阈值。这些电流的测量结果通常在纳安到毫安的量级。

二、串联、并联、混联 LED 等排列方式下的电压/电流关系

LED 的排列方式、LED 灯珠的规范决定驱动器的基本要求，反过来说，每个芯片的发光亮度由通过其中的电流大小决定。例如采用串联方式，灯具内每个 LED 芯片会自动通过相同的电流，但每个芯片上的电压降会有所不同，可以对 LED 进行分类以限制电压变动幅度，但这会增加成本，并且正向电压降仍会随温度和使用时间发生变化。

在前面介绍过的 LED 元件简化光源的等效电路测量中，将单珠换作串联、并联、混联 LED 排列组成灯模组，测量相关数据：功率、电流、电压，绘制电压/电流关系图，并尝试计算功率，与测量的功率进行比较。

任务评价

通过互评、教师评相结合等方式，评判电学特性测试的正确性。

测试内容	电学特性测试	互评	教师评	总评
最大允许功耗 P_m				
正向额定电流 I_F				
正向导通电压 V_F				
反向击穿电压 V_R				
反向漏电流 I_L				

能力拓展

LED 灯具中，往往需要选择光色参数一致的灯珠，满足提供一致的光输出需要，同时需要合理设计电源、透镜、滤光板等。为保证 LED 产品的寿命、提高照明质量、实现智能控制，恒流源电源是 LED 的最佳选择，其通常应用在中大功率的 LED 产品、高档的小功率 LED 产品中。

LED 恒流电源驱动方法主要有三种：电阻限流、线性调节和开关调节。电阻限流的电路简单，但是恒流效果并不好，而且效率不高；线性调节具有成本低、不存在电磁干扰（Electro Magnetic Interference，EMI）等优点，但是效率低、体积大；开关调节是目前应用最广泛的恒流驱动方法，具备体积小、效率高等优点，虽然存在电磁干扰，只要设计得好，综合应用屏蔽和滤波，能适当抑制电磁干扰，因此开关调节是 LED 恒流电源驱动的重点方向。

利用电阻限流法，完成了实验中的各项参数测试。采用低频变压器及半波或全波整流的电阻限流驱动电路，电路由低频变压器、整流器、滤波电容和一个用来调整电流的可变电阻组成，通过降压、整流、滤波后，只需要一个限流电阻就可以控制 LED 的光输出，电路简单、成本低。但是由于是电压控制，LED 亮度会随着供应电压的变化而改变，无法提供真正的恒流输出，因此调节性能差。如图 1-12 所示是最简单的电阻限流 LED 驱动电路。

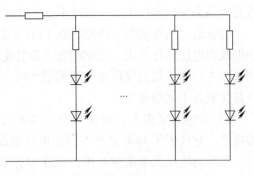

图 1-12　电阻限流 LED 驱动电路

电阻限流是传统的电路，这种电路的缺点是：接入电阻上的功耗直接影响了系统的效率，再加上变压器损耗，系统效率约为 50%。当电源电压在 ±10% 的范围内变动时，流过 LED 的电流变化大于或等于 25%，LED 上的功率变化超过 30%。采用电阻限流的优点是设计简单、成本低、无电磁干扰。

思　考　题

（一）填空题

1. LED 是一种能发光的_____。

2. LED 封装属于整个 LED 产业链的_____游。

3. 市面上常见白光 LED 是蓝色_____和黄色_____封装在一起做成。

4. _____是 Light Emitting Diode 的简称，中文名为_____。

5. LED 上游产业主要包括_____材料和芯片制造。

6. P 型半导体，多数载流子是_____；而 N 型半导体，多数载流子是_____。

7. 合成白光方法可以是 UV 芯片 +_____荧光粉。

8. LED 与传统光源相比具有_____、发光效率高、体积小、_____、_____、_____、环保的优点。

9. 市场上最常见的 LED 衬底材料是_____、Si、_____。

10. LED 封装形式有_____、_____、_____和大功率 LED 的封装。

11. 影响白光 LED 寿命的主要原因有_____、_____、芯片的抗浪涌电压和电流的能力差等。

12. 制作大功率白光 LED 需要注意的三个通道有_____、_____和热通道。

13. 白光 LED 色温表征的是_____。

（二）简答题

1. LED 产业链分为哪些环节，LED 相关行业有哪些？

2. 简述 LED 灯珠由哪几部分构成。

3. LED 芯片有几种结构？

4. 简述 SMT 封装对 PCB 线路设计的要求。

5. 简述 LED 正向电压测量的目的、测试框图及步骤。

6. 简述 LED 的发光原理。

7. 利用电阻限流法，能完成哪些参数测试实验？

8. 利用 LED 元件简化光源的等效电路，所测量数据有哪些？

9. 一个典型的基于蓝宝石衬底的外延片结构，其外延生长有哪些步骤？

10. 简述 LED 串联、并联、混联等排列方式下的电压/电流关系。

项目二　LED封装工艺与生产管控 **2**

项目导入

"节能环保，绿色发展"是当代社会发展的重要主题。LED是节能环保的绿色光源，LED灯珠是基本的功能单元，而不同灯珠的区别主要体现在其封装方式的不同。LED按封装方式分为：直插式封装、平面式封装、食人鱼封装、表面组装贴片式封装、功率型封装、板上芯片直装式（Chip On Board，COB）封装和系统级封装式（System In Package，SIP）等。

LED的发光体是芯片，不同芯片的形态大小各异，这给LED封装带来了一定的困难。LED技术大都是在半导体分离器件封装技术基础上发展演变而来的，将半导体器件的管芯密封在胶壳内，起到保护芯片和完成电气连接作用。而对于LED封装，不仅要输入电信号、保护芯片正常工作，还要输出可见光，其中既有电学参数又有光色参数的设计及技术要求。

可以说，LED封装工艺是一门多学科的技术，涉及光学、热学、电学、机械学、材料、半导体物理等领域。

任务一　LED封装分类

学习目标

1. 了解LED封装的必要性，以及选择时必须考虑的关键技术。
2. 了解LED不同封装的工艺特点及优缺点。
3. 掌握不同封装的LED灯珠适合何种产品设计。
4. 掌握封装的各重要环节，能够运用所学知识分析和处理实训任务。

相关知识

一、LED封装的必要性及其分类

LED芯片的两个电极、分布电路要在显微镜下才能看到，其接入正向电流之后会发光，为了与外电路连通，除了要对LED芯片的两个电极进行焊线，引出正极、负极之外，同时还需要对LED芯片和两个电极进行保护，这些是LED封装的基本功能。

LED中PN结区发出的光子是非定向的，即向各个方向有相同的发射概率，因此并不是芯片产生的所有光都可以发射出来。能发射多少光，取决于半导体材料的质量、芯片结构、几何形状、封装的内部材料与包装材料。LED封装相比普通的二极管封装，更强调光参数

的要求，这样才能使 LED 的光品质更加优良，这是封装的扩展功能。

LED 封装是 LED 制造过程中必不可少的一项工作，这项工作的目的主要概括为两个方面：其一是保护发光芯片和 LED 的机械结构，使其结构更加稳固；其二是可以通过封装来实现 LED 的光学特性。LED 封装的目的如下。

1. 固定保护

为提高光引出效率，一般会对 LED 表面进行粗糙化处理或者生长特殊结构的欧姆接触电极，这些结构因为无法受到氮化物钝化层的保护，所以 LED 芯片十分脆弱，细微的划伤都可能伤及电极使器件失效，即使没有被划伤，长时间暴露在空气中，芯片也会被氧化。通常 LED 芯片的体积很小，小功率芯片如沙粒般细小，即使是大功率芯片，也不过是毫米级别。可以想象，如果没有封装，LED 芯片在电路系统中必然会损坏。因此，LED 封装最基本的目的是固定并保护芯片。

2. 电路连接

要点亮一个 LED 芯片就必须在 LED 正、负电极上施加电压，而 LED 芯片表面的电极尺寸比芯片更小。要将电源上的电压引入到 LED 的电极上，就需要通过对 LED 进行封装来提供一个电路接口，这部分工作通常是利用焊接金属线、键合金属电极来实现。

3. 光引出

LED 有源层发出的光线并不是完全逃逸出 LED 器件，这主要是由光线内部的全反射和界面表面的斯涅耳损失所引起的。因此，通过增加一个光学处理封装层，可以增加光线的引出效率，这部分工作通常是利用封装胶来实现。

4. 散热

尽管 LED 的光效在不断地提升，相比荧光灯、白炽灯等上一代光源其具有更高的光能利用率，但是它依然有将近 2/3 的电能被转换成热能，即使 LED 的光效能达到或者超过 200lm/W，仍然有将近一半的能量转化成为热能。如何将这部分能量从 LED 中尽快发散，对于 LED 来说是一个较大的考验，如果热量不能被及时移除，将导致较高的工作温度，并导致 LED 的光效下降、加速衰减、寿命减少、光谱漂移等。不同于白炽灯能通过红外辐射散发热量，LED 的发射光谱在红外部分几乎是没有能量的，这也就决定了 LED 散热只能以热传导的方式将 LED 芯片所发出的热量经过器件结构传导出去。

5. 光转化

目前白光 LED 技术主要有三种。

1）RGB 三种芯片发光混合形成白光。

2）紫外 LED 经过激发三色光谱形成白光。

3）通过单色芯片加荧光粉，利用荧光粉二次激发的荧光与芯片的光混合形成白光。

以上三种方案中，最后一种方案相对简单、成本低且工艺成熟，是目前市场上白光 LED 的主流技术，但其涉及荧光粉涂覆技术，而荧光粉涂覆技术高低直接决定了 LED 的光效、光色和品质。

6. 光型变换

LED 芯片很小，基本上可以看作是点光源，光型分布大多近似于朗伯形，然而这种形状并不是日常情况中需要的光型。例如，指示灯需要较强的方向性、路灯不需要圆形光强分布。通过封装，利用不同的封装透镜可以将光线汇聚，使光线具有一定指向性的效果，也可以通过反光杯等二次光学设计，设计抛物面式的反射镜或者自由曲面透镜，让光束接近平行发出。

因此，要根据 LED 芯片的大小、功率大小来选择合适的封装方式。选择封装方式时要考虑的关键技术有：芯片的发光效率、出光通道的设计与材料选择、荧光粉的使用、散热设计，类型举例如图 2-1 所示。同时还要关注与封装有关的基板材料、粘结材料及封装胶，而发展低热阻、光学特性好、高可靠的封装技术也是 LED 产业界的迫切需要。

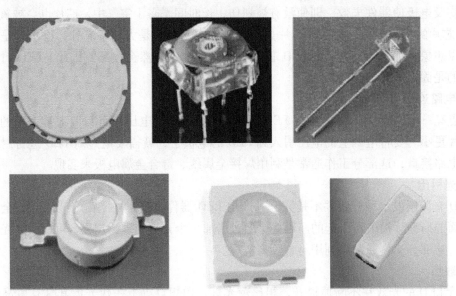

图 2-1　不同封装类型的 LED

二、表面组装贴片式封装

表面组装贴片式封装（Surface Mounted Technology，SMT），也称表贴式封装、贴片式封装，这是制作贴片式 LED 灯珠的技术。表面组装贴片式封装是当今电子行业中较主要的一种贴片式封装工艺，能像一般电子器件那样，易于焊接到 PCB 上，封装后称为 SMD（Surface Mounted Devices）LED。SMD LED 如图 2-2 所示。SMT 是从集成电路引进到 LED 封装的一种技术，集成电路常常需要在印制电路板（Printed Circuit Board，PCB）上使用 SMT 贴装各种 SMD 电子元器件。SMT 封装技术具有可靠性强、易于自动化实现、高频特性好、体积小、散射角大、发光均匀性好等特点，其发光颜色可以是白光在内的各种颜色，可以满足表面贴装结构的各种电子产品的需要，适用于手机、笔记本电脑、电子便携设备等。

事实上，贴片式 LED 是贴于电路板表面的，适合 SMT 加工，可回流焊，很好地解决了亮度、视角、平整度、可靠性、一致性等问题，采用了更轻的 PCB 和反射层材料，改进后去掉了直插式 LED 所用的较重的碳钢材料支架，使反射层需要填充的树脂更少，利于缩小尺寸、降低重量。如果将多个 SMD LED 器件运用 SMT 表贴在金属或陶瓷基板上，就是 SMD LED 模组，可获得更大的功率、更小的体积。

SMT 封装也分为几种方式，比如 SOT 封装方式，采用这种封装结构的 LED 提高了功率和亮度。按照尺寸分为不同大小灯珠，比如市面上常见的 3528、5050 型号，解决了亮度、视角、平整度等问题，适用于汽车仪表照明、指示灯照明和手机照明等。

图 2-2　SMD LED

按形状分类，SMD LED 一般是长方形，所以其命名方法一般根据长×宽的尺寸来命名，通常以 in 为单位，如 0603、1210、5060 等，也可用毫米作单位命名，如 1608（1.6mm×0.8mm）等。

三、直插式封装

直插式封装，也称为引脚式封装，有观点认为直插式封装是制造直插式 LED 灯珠的封装过程。直插式 LED 是 LED 最早出现的一种结构形态，到现在仍在生产和应用。由于直插式 LED 外观类似一个小灯泡，故又称为灯式 LED（LAMP LED）、插件 LED 等。

采用支架（也称引线架）作为封装外形的引脚，常见的是直径为 3mm、5mm、8mm 的圆柱形（简称 φ8）封装。比如 φ5 是将边长 0.25mm 的正方形管芯粘结或烧结在支架上，芯片的正极用金线焊接（键合）到另一支架上，负极用银胶粘结在支架反射杯内或用金线和反射杯引脚相连，然后顶部用环氧树脂包封，做成直径为 5mm 的圆形外形。其中反射杯的作用是收集管芯侧面、界面发出的光，向期望的方向角发射。

直插式 LED 封装的热量是由负极的支架散发至 PCB 上，支架一般为铁制镀银支架，LED 芯片的负极通过凹杯内固晶，用金线链接芯片与支架的电极，顶部包封的环氧树脂做成一定形状能保护管芯等不受外界侵蚀；采用不同的形状和材料性质（掺杂或不掺杂散色剂）能起到透镜或漫射透镜功能，可以控制光的发散角。其缺点是热阻较大，甚至达到 250K/W 以上，主要适合 0.5W 以下的小功率 LED 芯片封装，很少用于大功率 LED 的封装。

指示用途的发光二极管基本都是采用直插式封装。DIP LED 封装也称作两列直插式或者草帽式 LED，是引脚式 LED 的一种，也是较早投入市场的封装结构，技术成熟，可以比较方便地根据需求改变光型。

直插式 LED 的种类繁多，内部结构多变。根据其胶体的形状、颜色以及 LED 发光的颜色，还可以细分为：

1）按胶体形状分：方形、椭圆形、特殊形状等。

2）按胶体颜色分：无色透明、有色透明、无色散射、有色散射等。

3）按发光颜色分：红色、黄色、蓝色、白色、紫外、红外等。

LED 芯片的直插式封装技术可以制作各种封装外形的引脚，是最先研发成功并投放市场的 LED 产品技术, 技术成熟、品种繁多。虽然是最早的封装技术, 但是科研人员仍然在不断改进直插式封装的内部结构与反射层。典型的传统 LED 安装在 0.1W 耐受输入功率的包封中, LED 散发出热量的 90% 由负极支架传导到电路板, 再散发到外界环境。LED 直插式封装结构如图 2-3 所示。

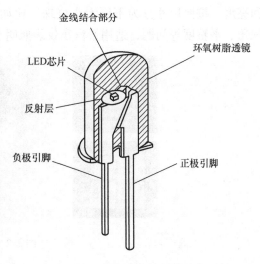

图 2-3　LED 直插式封装结构

LED 直插式封装的封装通常采用灌封的形式。灌封是先在 LED 模腔内注入液态环氧树脂, 然后插入压焊好的直插式 LED 支架并放到烤箱中使环氧树脂固化, 再从模条中脱离出 LED, 成型为 LED 产品。直插式封装技术的制造工艺简单、成本低, 有着较高的市场占有率, 采用直插式封装的 LED 一般用于大屏幕点阵显示、指示灯等领域。

四、大功率 LED 封装

大功率 LED 的封装也称为功率型封装或者功率型 LED, 主要用于各种场合的照明, 其外观如图 2-4 所示。近年来, 随着大功率 LED 的应用场合不断拓展, 白光大功率 LED 已成为行业产值的主力军。大功率 LED 的特点是: 大的耗散功率、大的发热量、较高的出光效率和长寿命。

大功率 LED 按功率的大小可分为 1W、3W、5W 等; 按顶部发光透镜可分为平头、聚光、酒杯形状等。

图 2-4　大功率 LED

事实上, 为了进一步提高单个 LED 器件的功率, 更好地应用于通用照明, 一种思路是在 SMD LED 的基础上, 通过封装材料和结构方面的改进, 改善器件的散热能力, 得到更大功率的 LED。由于塑料的热导率低, 很多厂商便尝试将 LED 在金属 (镀银) 上固晶, 这样热量就能直接从热导率高的金属基座直接传到 PCB 上。另一种思路是直接将 LED 固晶在覆铜的陶瓷基板或复合基板上，这种方式可以看作是 SOT32 封装的一种改进方法。虽然陶瓷的热导率只有铜的 1/6 左右，但是比传统 PCB 树脂材料好得多，通过 PCB 的减薄，有助于实现低热阻。

另外一种可作为功率器件的较有影响的、工艺改变较大的封装方式为板上芯片直装式（COB）封装。

五、板上芯片直装式（COB）封装

LED 芯片装配于支架可封装成分立的器件，如果将封装壳去除，直接将单颗或多颗 LED 芯片装配于基板上，会大大提高组装密度，于是就出现了板上芯片直装式（COB）封装，即芯片粘在 PCB 上、通过引线键合完成芯片与基板的连接，再用有机胶将芯片和引线包封保护起来。COB LED 封装技术是一种直接贴装技术，可以将几个甚至数十个芯片直接贴装在基板上，或将 LED 器件焊接于印制电路板（PCB）上，如图 2-5 所示。

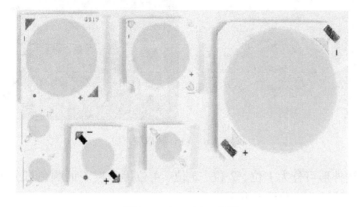

图 2-5 COB LED 封装

传统直插式、SMT 封装的缺点主要有三方面：一是 LED 芯片 PN 结发出的热量在流经支架后，还需经过焊接层（如锡层、导热胶层）或 PCB 层等，才能到达散热器，导热胶层、普通 PCB 或铝基板绝缘层的导热系数相对较低，导致整个模组的热阻非常高，无法及时将 PN 结的热量散发出去；二是还需经过焊接工序，增加了工艺难度及成本；三是这种形式的光源集成度无法做得很高。而板上芯片直装式封装可以较好地解决上述传统做法的缺点。

随着大功率 LED 照明灯具快速发展，越来越需要模块化 LED，能够产生更多的光通量，便于后期维护更换，因此多芯片封装是大功率照明发展的一个方向。然而，散热和取光效率依旧是多芯片 LED 封装需要考虑的主要问题。多芯片 LED 封装，其热流密度和热量更加集中，因而需要更好的散热效果、更小的热阻。COB 多芯片集成封装符合这些要求，有较好的发展前景。

COB 工艺可应用于大功率 LED 阵列，具有较高的集成度。LED 模组的封装结构，自下而上分别是基板、铜线路、金属围坝和玻璃透镜围成的空腔，以及空腔内的 LED 芯片。对比 SMT 封装的 LED 模组可以发现，使用 COB 技术封装的 LED 模组少了单个 SMD LED 器件的封装流程，从散热角度来说，减少了 SMD LED 器件多出来的热沉通道，降低了热阻，散热能力得到增强。从生产制造角度来说，一方面可以节省封装材料，从而节省成本，尤其是节省了比较昂贵的陶瓷材料；另一方面封装结构规范、生产工艺简单，便于自动化大规模生

产，生产效率得以提高。

六、其他典型封装方式

1．平面式封装

平面式封装 LED 器件是由多个 LED 芯片组合而成的结构型器件。通过 LED 的适当连接（包括串联和并联）和合适的光学结构，可构成发光显示器的发光段和发光点，然后由这些发光段和发光点组成各种发光显示器，如数码管、"米"字管、矩阵管等。平面式封装是制作 LED 数码管或 LED 点阵的过程。

（1）LED 数码管（Display）

LED 数码管的外观如图 2-6 所示。最早用在仪器面板或家用电器数码显示等场合，也可用于组成 LED 显示屏。LED 数码管又称为平面式封装 LED。

图 2-6　LED 数码管

LED 数码管按外形可分为 1 位、2 位、3 位、4 位等；按表面颜色可分为灰面黑胶、黑面白胶等；按极性结构分为共阴、共阳等。

（2）LED 点阵（LED Dot Matrix）

LED 点阵从功能上可以看成 LED 数码管的替代产品，其主要应用是信息显示等，其外观如图 2-7 所示。

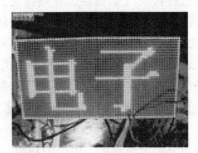

图 2-7　LED 点阵

根据其孔的直径、点数、颜色不同可进行细分，按孔的直径分类有 $\phi2.0$、$\phi3.0$、$\phi3.75$、$\phi5.0$ 等；按点数分类有 5×7、8×8、16×16；按颜色分类有单红、单绿、双基色、三基色等。

（3）其他系列

除以上介绍的类型外，LED 及其系列还有一些其他的产品，如像素管（Cluster）、侧光源（LED Side Light Source）、红外线接收和发射产品（Infrared & Photo Diode）等。

2. 食人鱼LED（Flux LED）

食人鱼LED，是一种正方形的、有四个引脚、负极处有个缺脚的、用透明树脂封装的LED，如图2-8所示。

食人鱼LED是散光型的，发光角度大于120°，发光强度很高，而且能承受更大的功率。美国通常称食人鱼LED为Eagle – Eye LED（鹰眼LED）。据说这种LED刚诞生时立刻引起了广泛的关注。

食人鱼LED比一般的直插式5mm LED多了两个引脚，而且四个引脚把的发光部分和电路板焊接地方隔开，且引脚把之间留有间距，使得食人鱼LED的散热比一般的LED要好很多。食人鱼LED可以通过的工作电流最大可以达到50mA，一般的LED是20mA，所以其比一般的LED亮度要高。因为食人鱼LED的两个电极连在四个引脚上，所以两个引脚连通一个电极。在安装时要确认哪两个引脚是正极、哪两个引脚是负极。

食人鱼LED在封装结构上仍可归入直插式LED的范畴，在功率上仍属于小功率LED。

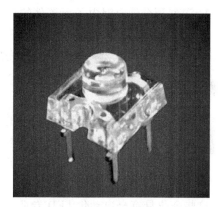

图2-8　食人鱼LED

食人鱼LED产品有一些优点，比如食人鱼LED所用的支架是直接把铜支架的四个支脚焊接到PCB的焊岛上。一般情况下，食人鱼LED的热阻会比ϕ3mm、ϕ5mm直插式灯珠的热阻小一半，其他优点如视角大、光衰小、寿命长，所以曾受到用户的欢迎。

食人鱼LED适合制成线条灯、背光源的灯箱和大字体槽中的光源。食人鱼LED也可用做汽车的制动灯、转向灯、倒车灯。因为食人鱼LED在散热方面有优势，可承受70～80mA的电流，在行驶的汽车上，往往蓄电池的电压高低波动较大，特别是使用制动灯的时候，电流会突然增大，但是这种情况对食人鱼LED没有太大的影响，因此其广泛用于汽车照明中。

3. 集成封装LED

近年来，将多个LED芯片封装在一起，形成一个发光模块的方式逐渐得到广泛的应用，这种封装

图2-9　集成封装LED

形式称为集成封装LED，如图2-9所示。多芯片集成封装一般利用板上芯片封装形式，芯片直接焊接在散热基板上，不需要支架，使得散热路径更短。例如，某公司推出的利用多层低温陶瓷金属基烧结（LTCC – M）技术得到的高集成度的LED阵列。

任务二　LED 的封装工艺管控

学习目标

1. 学会识读 LED 生产流程单、生产指令单等规范性指引文件。
2. 了解并领会车间温、湿度管控作业、净化车间管理规范。
3. 明白静电产生原理，了解 LED 封装中静电的基本特性。
4. 深刻领会静电对电子元器件的危害、对 LED 芯片影响的主要体现。
5. 掌握静电的防范措施，明确安全生产的重要性。
6. 了解 LED 封装生产管理的相关知识。

情景导入

目前，我国 LED 封装产业各环节的上市公司数量较多，例如，外延芯片方面有三安光电、士兰微、蔚蓝锂芯、华灿光电、聚灿光电、乾照光电等。封装企业有德豪润达、厦门信达、东山精密、兆驰股份、木林森、福日电子、联创光电、万润科技、国星光电、鸿利智汇、聚飞光电、瑞丰光电、长方集团、芯瑞达等。

这些企业具有全自动化 LED 专业生产设备，并具有自主研发与生产能力，拥有全封闭式防静电无尘的生产环境，如图 2-10 所示。

图 2-10　某 LED 封装企业的生产环境

他们研发的 CHIP LED、SMD LED、LAMP LED 等高效节能型 LED 灯珠产品已经通过 ISO9001：2000、ISO14001：2004 等质量体系认证，并符合欧盟 ROHS 标准。

相关知识

一、识读 LED 封装企业生产流程单

生产流程单的识读是 LED 封装岗位任务的基本要求。其内容包括各种原物料特性的了解、型号的认知、所在企业的产品命名规则等相关知识。根据企业规模、管理方式的不同，可能会有一定的差别：规模较大、管理规范的企业通常采用电子下单的方式，小微普通的企

业通常采用纸质的流程单。接下来以某LED封装企业的产品命名规则和纸质生产流程单为例进行介绍。表2-1是某公司生产的大功率LED灯珠产品命名规则，其中有些参数是行业通用的，有些是企业自己确定的。

表2-1 某公司大功率LED灯珠产品命名规则示例

制订部门	工程部	公司名称	东莞市××光电有限公司	核　准	×××
文件编号	GX－Q－001			审　查	×××
版本/版次	A/1	文件标题	大功率产品命名法则	制　定	×××
文件页码	1/2			制定日期	2022.3.1

1. 目的：确保公司大功率成品编码有据可依。

2. 范围：本公司大功率成品均适用。

3. 权责：

 3.1 工程部负责产品命名方法之制定。

 3.2 各部门依产品命名方法之规定执行运作。

4. 内容：

 4.1 大功率成品名称内容。

  1 GX表示正常成品，00表示其他成品

  2 功率

   A表示0.5~1W B表示1W C表示3W D表示5W E表示10W F表示20W G表示30W H表示40W I表示50W J表示80W K表示100W Z表示60W

  3 表示发光颜色及等级（芯片等级请参考芯片命名）

   R代表红光芯片

   G代表绿光芯片

   Y代表黄光芯片

   B代表蓝光芯片

   W代表白光

   W6代表冷白光（>5000K色温）

   W3代表暖白光（<5000K色温）

   Q代表紫光芯片

   F代表发射管

   P代表接收管

  4 胶体外观颜色

   H代表加荧光粉胶体

   C代表不加荧光粉

  5 支架代码

   Z代表1W大功率支架（配PC透镜）

   B代表1W过回流支架（配玻璃透镜）

   C代表1W大功率支架（模顶）

   O代表无透镜

   Q代表集成支架

（续）

6 产品发光角度

　　1 代表 60°　2 代表 100°　5 代表 150°

　　3 代表 120°　4 代表 140°

7 组装基板

　　Y 表示加铝基板

　　N 表示不加铝基板

8 流水码

　　第一位：S 代表加齐纳

　　　　　　1 代表 CRI≥70

　　　　　　2 代表 CRI≥80

　　　　　　3 代表 CRI≥90

　　　　　　4 代表 CRI≥70～75

　　　　　　A 代表加齐纳 CRI≥70

　　　　　　B 代表加齐纳 CRI≥80

　　　　　　C 代表加齐纳 CRI≥90

　　第二位：有色光无此码

　　1 代表 6000K 主色温

　　2 代表 4000K 主色温

　　3 代表 3000K 主色温

　　A 代表新制程 6000K 主色温

　　B 代表新制程 4000K 主色温

　　C 代表新制程 3000K 主色温

例如：GX - B　W6C1　H Z　4　Y　01

4.2　大功率成品规格内容。

1 支架

　　ZX 为支架，X 为编号

2 测试条件（如定电流 100mA = A100，350mA = A350…）

3 模条或一次光学 Lens 代码（请参考附件）

　　TX 为模条，X 为模条代号

　　LX 为 LENS，X 为模条代号

　　00 为无模条无 LENS

4 前段特殊作业要求（请参考固焊图样）

5 铝基板种类

　　LX 为铝基板，X 为编号（请参考 《物料代码》）

6 流水码

　　在了解所在企业的产品命名规则后，结合原材料的知识，可以识读生产流程单，或称生产指令单，图 2-11 为某大功率 LED 企业的生产指令单，在某一批次的生产任务确定后，生产管理人员将会把生产指令单复制若干份，同时发放到封装生产线的各个岗位，各岗位操作人员按照生产指令单指示进行正确的操作。

　　生产指令单标明了产品的型号、采用的原材料的型号、产品性能规格等参数，其中有一些参数是需要在某些岗位进行设置的。例如，色温的要求是配粉时粉量检测的依据，也是分光时的检测标准。

产品型号	GX-CW602HZ4NOA	规格	—	单号	1205029
出货日期	5.11	投产数量	2140	出货数量	2000
芯片型号	晶元45	芯片参数	—	芯片数量	2140
支架型号	日昕0.2杯	支架数量	2140	角度要求	140
色温	6550~7300	流明	160~180	胶水型号	—
分光要求		分两档出货 WA-1：6550~6950 WA-2：6750~7300			
备注					

核准：　　　　　　　　审核：　　　　　　　　制表：

图2-11　某大功率LED封装生产指令单示例

一般而言，生产指令单下达的同时还要下发一张跟随产品在各岗位流动的物料跟踪单，跟踪和反馈生产过程中物料的使用情况，例如有无丢失或损坏等。物料跟踪单的内容主要是各种原材料的数量，不含特性参数，识读较为容易，故其具体形式此处从略。

在一些特定的岗位，如荧光粉配粉等过程中，还会下发配荧光粉时各个组分的配比单，在此从略，到以后相应章节再进行描述。

制定工艺流程单则是LED封装岗位技术人员的基本要求。工艺流程单有各工序的总表，见表2-2，也有具体工序流程的详细内容，整理成册，供相关岗位人员对照应用。

表2-2　工艺流程单

公司标识		东莞市××光电有限公司××工艺流程单			
	题目	LED生产流程		版本	1/A
	文件编号	JB/WIP-001		第1页	共1页
	生效日期	20220101	分发日期		20220101

总流程	分流程		流程内容
	序号	流程项目	
固晶	1	领料	到仓库领芯片、支架并确认其规格、型号、数量
	2	排支架	将支架排放在支架夹
	3	翻芯片	将芯片电极翻转使其方向朝上
	4	扩晶	在扩晶机上进行扩晶，使芯片间距扩大
	5	点胶	据生产情况点胶
		准备银胶	据生产情况准备银胶
	6	固晶	见《固晶作业指导书》
	7	过镜	见《固晶过镜质检标准》
	8	烘烤	使固定芯片的胶体达到固化

（续）

总流程	分流程		流程内容
	序号	流程项目	
焊线	9	金线机调试	见《金线机操作指导》
	10	出烘烤箱	与上工序交接
	11	焊线	见《焊线作业指导书》
	12	过镜	见《焊线过镜质检标准》
封胶	13	模条	见《模条选用指导》
	14	模条预热	给模条加热
	15	调试	调 A 胶和 B 胶、调试封胶机、试封 LED 成品
	16	封胶	见《封胶作业指导书》
	17	插支架	同上
	18	固化	使 A 胶、B 胶固化
	19	离模	见《离模作业指导书》
测试	20	一切	见《液压切脚机作业指导书》
	21	长烤	对成品进行最后的固化
	22	测试	见《测试机操作指导》
	23	二切	见《二切机操作规范》
	24	包装	见《打包作业指导》
	25	入库	控制成品在车间停留时间

二、车间管控作业

1. 车间温、湿度管控作业

温、湿度计由品质部校正合格后，于每个车间放置一个。相关监测数据记录到《车间温、湿度记录表》中，最少保留 6 个月。各车间温、湿度管控条件见表 2-3。

表 2-3　车间温、湿度记录表

站别	温度	湿度
固焊站	(25 ± 5)℃	30% RH ~ 60% RH
点胶站	(25 ± 5)℃	30% RH ~ 40% RH
测试站	(25 ± 5)℃	30% RH ~ 60% RH
所有干燥箱	(25 ± 5)℃	30% RH 以下

每班上班前，读取本车间内温、湿度计上显示的读值，将当天天气情况、温度值、湿度值分别记录于《车间温、湿度记录表》，如图 2-12 所示，并在指定位置绘制温、湿度曲线；白班需在当日 9:00 以前填写完毕，晚班在当晚 21:00 以前填写完毕，填写完毕由质检员确认；机修人员需每周一 7:00 到车间将空调器开启；清洁人员每天对车间进行清洁时，只能使用吸尘器，不能使用拖把或者扫帚等，以防造成车间潮湿或灰尘飞扬，拖把只能在周末未生产时使用。

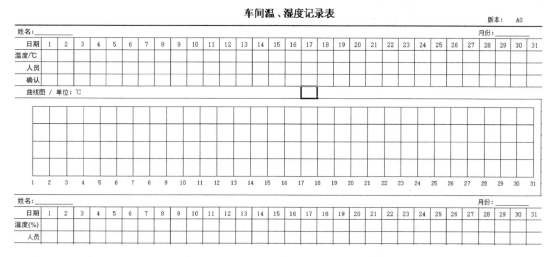

图 2-12　温、湿度记录表举例

在具体工作中还应注意以下事项：

1）各车间温、湿度达不到要求时，应使用空调器调节或增加抽湿机、增湿机等设备。

2）湿度较低时，应做好防静电措施。

3）禁止用手触摸温湿度计的感应头。

4）如果温、湿度超过红色管制线，需立即停止生产并知会技术人员及电工进行处理。

2. 净化车间管理规范

1）适用于防静电净化车间的环境、人员、物料、设备、生产过程等管控。

① 规范人员进入净化车间防静电服穿戴要求。

② 针对车间的洁净度对作业流程进行规范。

③ 针对 ESD 防护系统进行有效的管控。

2）按照更衣室张贴的"防静电服着装标准示范图"穿戴整齐方可进入车间，强调重点有防静电服、防静电鞋、帽子、口罩、防静电环。

① 进入外更衣室后，必须脱掉皮鞋，严禁穿皮鞋踩在净化带上。

② 严禁穿戴防静电服或防静电鞋走出车间及更衣室区域。

③ 员工出净化区至更衣房后，应将净化服叠放整齐后放于衣柜内，净化鞋放在鞋柜内。

④ 防静电服及防静电鞋保持清洁，衣服上的污斑用清洁剂去除。

⑤ 以净化服按颜色区分工种：

品质检验人员为淡红色；设备维护人员为蓝色；领班为黄色；员工及其他人员为白色。

⑥ 净化服的使用期限为 1 年。

3）进入固焊站必须经过风淋门，不可从转料通道及缓冲门进入；从缓冲门出去后，应随手关门；封胶站从人员通道进出，不可从转料通道进出。

4）严禁在车间大声喧哗等；不可携带耳机等娱乐设备进入车间。

5）任何食（饮）品不可携入车间；原物料包装纸箱等有尘物体不可以进入车间。

6）传递窗使用时一面门打开，把物料放入之后此门关闭，再打开另一面门取出，不可两面门同时打开；平时除在使用之外必须保持传递窗处于关闭状态。

7）每日（24h）用吸尘器对地板进行除尘一次；粘尘垫贴在进入风淋门的门口，原则上每天揭掉一张，如发现较脏污可视情况适当处理。

8）各种设备、仪器每日（24h）使用后必须进行清洁除尘保养，专人定期清洁。

9）废弃物如晶圆膜、废弃纸张等应及时清理放入垃圾箱中，每天下班及时清理并转运出车间。

10）车间内的常用工具如吸尘器、扫把等应指定位置放置，不可拿出室外。

11）物品从室外拿进车间时，要先进行清洁。

12）不可进入净化区的物品包括：木制品、泡沫板、喝水杯、纸箱、食品及其他带尘物品。

13）净化车间内的转料车不可离开车间区域，外部转料车不可进入。

14）上班时间离岗需找领班拿离岗卡后方可离开工作岗位。

15）按照"7S"规范文件进行标识化管理，温度：15 ~ 30℃；湿度：45% RH ~ 70% RH。

16）特别注意事项。

① 车间内绝对不可动火，以免发生意外。

② 未通过培训考核人员，禁止操作生产设备或仪器。

③ 车间内空调器、气体及电力需由专人负责，其他人员禁止操作。

三、LED 封装中的静电防范

LED 封装中要十分注意的一个问题就是静电的防范，即防止静电对 LED 封装生产中的元件尤其是芯片产生危害。要注意，这一危害具备破坏性的效果，可能使元件被破坏而不能使用，也可能使元件的性能因被轻度破坏而下降，这是一种更难察觉的潜伏性危害。因此在LED 封装中，静电的防范是十分重要的。

随着第三代半导体 GaN 等宽禁带材料的大量使用，芯片的电阻率较高，在生产过程中因静电产生的感应电荷更加不易消失，累积到一定的程度会产生很高的静电电压。当超过材料的承受能力时，会发生击穿现象并放电。LED 在发生静电击穿后，其亮度和颜色不会立即表现出不良现象，但在正常长期工作时，其亮度会明显下降、出现闪烁，甚至出现器件失效等，严重影响 LED 的工作寿命。

静电击穿很隐蔽，被静电损坏的 LED 并不能单单依靠筛选方法排除。因此，在整个产品制作过程中，需要以预防为主。比如，所有设备都要有良好的接地；配备防静电的工作服、手镯、手套等；厂房采取空调器加湿措施，保持工作环境的相对湿度稳定在 50% RH 左右；在车间入口处设接地风淋系统，人员进入时先释放身上的静电；车间地面采用含碳塑料、含碳橡胶、导电乙烯等静电耗散性材料；工装夹具、工作台、椅子等也需附加一层静电耗散性材料；生产环节中避免人员不必要地走动；要提高操作人员的静电防护意识，从细微之处逐步建立防静电生产工艺和测试流程规范。

静电学是 18 世纪以库仑定律为基础建立起来的，以研究静止电荷及磁场作用规律的学科，是物理学中电磁学的一个重要组成部分。任何两个不同材质的物体接触后再分离，即可产生静电。当两个不同的物体相互接触时就会使得一个物体失去一些电荷如电子并转移到另一个物体使其带正电，原本的失去电荷的物体得到一些剩余电子而带负电。所以物体之间接触后分离就会带上静电。通常从一个物体上剥离一张塑料薄膜时就是一种典型的"接触分离"起电。

固体、液体甚至气体都会因接触分离而带上静电。为什么气体也会产生静电呢？因为气体也是由分子、原子组成，当空气流动时，分子、原子也会发生"接触分离"而起电。所以，在我们周围环境以至我们的身上都会带有不同程度的静电。

实质上摩擦起电是一种接触又分离从而造成正、负电荷不平衡的过程。摩擦是一个不断接触与分离的过程。因此摩擦起电实质上是接触分离起电。在日常生活中，各类物体都会因移动或摩擦而产生静电，如工作桌面、地板、椅子、衣服、纸张、包装袋、流动空气等。

另一种常见的起电是感应起电，当带电物体接近不带电物体时，会在不带电物体的两端分别感应出正电与负电。

1. 静电的基本特性及其对电子元器件的危害

静电的基本物理特性为：同极相斥、异极相吸，与大地有电位差，会产生放电电流从而危害 LED 等电子产品。

ESD 是（Electro Static Discharge，静电放电）以静电的产生与衰减、静电放电模型、静电放电效应［如电流热（火花）效应（如静电引起的着火与爆炸）］和电磁效应［如电磁干扰（EMI）及电磁兼容性（EMC）］等为研究对象。

静电是时时刻刻到处存在的，但是在 20 世纪 40~50 年代很少有静电问题，因为那时是晶体管和二极管，而所产生的静电也不如现在普遍。在 20 世纪 60 年代，随着对静电非常敏感的 MOS 器件的出现，静电问题日渐明显，到 20 世纪 70 年代，静电问题越来越严重。到 20 世纪 80~90 年代，随着集成电路的密度越来越大，一方面，其二氧化硅膜的厚度越来越薄，其承受的静电电压越来越低；另一方面，产生和积累静电的材料，如塑料、橡胶等大量使用，使得静电越来越普遍。

在 20 世纪 70 年代以前，很多静电问题都是由于人们没有 ESD 意识而造成的，即使现在也有很多人怀疑 ESD 会对电子元器件造成损坏。这是因为大多数 ESD 损害发生在人的感觉以外，因为人体对静电放电的感知电压约为 3kV，而许多电子元器件在几百伏甚至几十伏时就会损坏，通常电子元器件被 ESD 损坏后没有明显界限，把电子元器件安装在 PCB 上以后再检测，结果出现很多问题，分析也相当困难。特别是潜在损坏，即使用精密仪器也很难测量出其性能有明显变化，所以很多电子工程师和设计人员都怀疑 ESD，但近年实验证实，这种潜在损坏在一定时间以后，电子产品的可靠性将明显下降。静电对电子产品损害有如下特点：

1）隐蔽性。人体不能直接感知静电，除非发生静电放电，但是发生静电放电人体也不一定能有电击的感觉，这是因为人体感知的静电具有隐蔽性。

2）潜在性。有些电子元器件受到静电损伤后的性能没有明显下降，但多次累加放电会给电子元器件造成内伤而形成隐患。因此，静电对电子元器件的损伤具有潜在性。

3）随机性。电子元器件什么情况下会遭受静电破坏呢？可以这么说，从一个电子元器件产生以后，一直到它损坏以前，所有的过程都受到静电的威胁，而这些静电的产生也具有随机性。

4）复杂性。静电放电损伤的失效分析工作，因电子元器件的精、细、微小的结构特点而费时、费事、费钱，要求较高时往往需要使用扫描电镜等高精密仪器。即使如此，有些静电损伤现象也难以与其他原因造成的损伤失效一样来进行判断。这在对静电放电损害未充分认识之前，常常归因于早期失效或情况不明的失效，从而不自觉地掩盖了失效的真正原因。所以静电对电子元器件损伤的分析具有复杂性。

2. 静电对 LED 芯片影响的主要体现

1）静电放电破坏，使 LED 芯片等元器件受损坏不能工作（安全破坏）。

2）静电放电或电流产生的热能，使 LED 芯片等元器件受损伤（潜在损伤）。

3）静电放电产生的电磁场幅度很大（达几百伏/米）、频谱极宽（从几十兆到几千兆），会对 LED 芯片等元器件造成干扰甚至损坏（电磁干扰）。

4）如果元器件损坏，能在生产及品管中被排除，影响较小。如果是静电导致元器件轻微受损，在正常测试下未被发现，并因过多层的加工，直至已在使用时才出现，这时不但检查不易，要耗费很多人力及财力，而且可能造成巨大的损失。

5）静电放电对高亮度 LED 在使用上存在的影响是非常大的。静电是造成 LED 材料漏电（I_R 反向电流）的主要因素，LED 在漏电后其亮度和颜色不会即时表现出不良现象，但在持久工作时其亮度会明显下降或不稳定、不亮，因此要充分重视和采取防范措施。

3. 静电的防范措施

90% 的静电危害均来源于作业中没有对设备进行接地及操作员没有配备相应的防静电设施，因而在制造作业中应尽可能地在防静电方面做一些控制。

（1）原物料检验环节

1）测试机台需接地（单独地线）。

2）测试人员需配备防静电环（必须为有线并接单独地线）。

3）避免材料有剧烈摩擦，如在材料盘内来回挪动材料及在桌面上反复挪动材料均易造成漏电。

（2）仓库储存

1）储存条件：温度应保持在（25±5）℃范围内，湿度保持在 60% RH 以下。

2）将元器件包封好，避免 12h 内不封口现象。

（3）封装生产过程

1）生产车间地板布铜网进行静电吸收处理（单独地线）。

2）焊接设备（包括电烙铁、自动焊线机及测试机台）需接地。

（4）操作人员的防范措施

1）所有在车间内触摸材料的工作人员必须佩戴防静电手套或手指套、防静电环，固定岗位人员需佩戴有绳防静电环。

2）作业人员及检验人员每天上班需测试防静电环是否良好并记录，质检员每周进行检查稽核。

3）车间地线设备维护人员每月需确认一次其有效性及接地阻值。

任务细分

走进实训室、实训车间。

任务准备

参阅项目六实训部分，各实训任务的实训物料、使用工具、设备等内容。

任务评价

通过学习过程考核等方式，评判安全规范生产、防范静电知识。

LED 的封装工艺管控过程评价表

项目名称	评价内容	分值	评价分数		
			学生 自评	小组 互评	教师 评价
1. 规范人员、物质进入净化车间，防静电服穿戴要求（25分）	进入外更衣室后，是否脱掉皮鞋等日常生活用鞋，换好工作时的净化鞋	3 分			
	严禁穿戴防静电服或防静电鞋走出车间及更衣室区域	4 分			
	走出净化区至更衣房后，应将净化服叠放整齐后放于衣柜内，净化鞋放在鞋柜内	2 分			
	防静电服及防静电鞋保持清洁，衣服上的污斑是否用清洁剂去除干净	2 分			
	净化服是否按颜色区分工种	2 分			
	进入固焊站必须经过风淋门，不可从转料通道及缓冲门进入	4 分			
	封胶站从人员通道进出，不可从转料通道进出	4 分			
	传递窗使用时一面门打开，把物料放入之后，这一面门关闭，再打开另一面门取出，不可两面门同时打开；平时除在使用时之外必须保持传递窗关闭状态	4 分			
2. 针对车间的洁净度对作业流程进行规范（30分）	每日（24h）用吸尘器对地板进行除尘一次；粘尘垫贴在进入风淋门的门口，原则上每天揭掉一张，如发现脏污可视情况适当处理	6 分			
	各种设备，仪器每日（24h）使用后必须进行清洁除尘保养，专人定期清洁	4 分			
	废弃物如晶圆膜、废弃纸张等应及时清理放入垃圾箱中，每天下班及时清理并转运出车间	5 分			
	车间内的常用工具如吸尘器、扫把等应指定位置放置，不可拿出室外	3 分			
	物品从室外拿进车间时，要先进行清洁	3 分			
	不可进入净化区的物品包括：木制品、泡沫板、喝水杯、纸箱、食品及其他带尘物品	5 分			
	净化车间内的转料车不可离开车间区域，外部转料车不可进入	4 分			

（续）

LED 的封装工艺管控过程评价表

项目名称	评价内容	分值	评价分数		
			学生自评	小组互评	教师评价
3. 针对 ESD 防护系统进行有效的管控（25 分）	生产车间地板布铜网进行静电吸收处理（单独地线）	5 分			
	焊接设备（包括电烙铁、自动焊线机及测试机台）需接地	4 分			
	所有人员在车间内触摸材料必须佩戴防静电手套或手指套、防静电环，固定岗位人员需佩戴有绳防静电环	4 分			
	所有的生产设备、仪器、桌子、转料车需接地线	4 分			
	作业人员及检验人员每天上班需测试防静电环是否良好并记录，质检员每周进行检查稽核	5 分			
	车间地线设备维护人员每月需进行一次确认其有效性及接地阻值	3 分			
4. "7S" 管理规范（20 分）	严禁在车间大声喧哗等；不可携带耳机等娱乐设备进入车间	3 分			
	任何食（饮）品不可携入车间；原物料包装纸箱等有尘物体不可以进入车间内	3 分			
	上班时间离岗需找领班拿离岗卡后，方可离开工作岗位	3 分			
	是否有违反 "7S" 规范的情况	6 分			
	是否进行标识化管理，比如标识温度：15 ~ 30℃；湿度：45% RH ~ 70% RH	5 分			
总分		100 分			
总评	自评(20%) + 互评(20%) + 师评(60%) =	综合等级		教师（签名）：	

思 考 题

（一）填空题

1. 早期家用电器或仪器设备用的 LED 指示灯一般为_____式灯珠。

2. LED 灯珠的封装类型包括_____式、_____式、食人鱼、大功率单颗、_____式、数码管和点阵等形式。

3. 配光中为了提高 LED 的_____，应增加中间过渡层（如环氧树脂或硅胶），且中间过渡层的折射率应尽量接近芯片的折射率，目的是使芯片进入中间过渡层的临界角_____（加大/减小）。

4. LED 封装企业岗位除了产线操作人员之外，还设置了专门进行质量检验控制的岗位，英文缩写通常称为_____。

5. 进入 LED 封装车间进行操作应穿戴_____衣帽和装备。

6. 在直插式 LED 的封装工艺中，点胶工艺要控制_____。

7. LED 的分类方法有按_____、出光面特征、结构、_____、_____、_____方法。

8. 静电对电子产品损害的特点有_____、_____、_____、_____、_____和热通道。

9. LED 封装形式有_____、_____、_____和大功率 LED 的封装。

10. 在直插式 LED 的封装工艺中，点胶工艺要控制_____。

（二）简答题

1. 按封装形式分，LED 可分为哪几种类型？

2. LED 不同封装形式都有哪些特点？

3. LED 一般而言可以分为哪四个工艺环节？

4. 按封装形式分，LED 可分为哪几种类型？

5. 相对于直插式、SMT 封装形式，COB 封装的优势是什么？

6. 在固晶、焊线、封胶和分光四个大的工艺环节的基础上，直插式 LED 灯珠的封装可分为多个工序，具体是哪些？

7. 用于显示屏的 RGB 三色贴片灯珠分光的主要意义是什么？

8. 工艺流程单应包含哪些内容？

9. 静电有哪些危害，如何防范静电影响？

项目三 封装前工序 **3**

项目导入

绿色低碳、节能环保是衡量经济高质量发展的重要指标。健全资源环境要素市场化配置体系，加快节能降碳先进技术研发和推广应用是国家经济发展的要求。倡导绿色消费，推动形成绿色低碳的生产、生活方式是社会发展的新理念。LED 是节能环保的绿色光源，值得大力推广应用。

LED 封装主要包含固晶、焊线、封胶、分光与包装等生产工序。因为固晶和焊线这两个环节在工序步骤上相连，且所使用的机器设备以及对作业员的技能要求等也较为类似，通常将这两个工序环节的各个岗位统称为固焊岗位群（固焊工站），又称为 LED 封装前工序岗位。

固焊岗位操作主要采用专用的自动化设备进行，有时也需要配备较为复杂的手动固晶和焊线设备来进行辅助或补充的固晶焊线操作，对操作员的技术要求较高，因此，固焊岗位群是 LED 封装产线的重要技术性岗位群。

其中，固晶是在 LED 支架的特定位置涂上银胶或绝缘胶，将 LED 芯片放置于银胶（或绝缘胶）位置，令芯片被银胶（或绝缘胶）粘贴在支架的相应位置上，经过烘烤使之粘牢的过程。

焊线是在固晶完成的支架上，把 LED 芯片的正、负极（以 PN 结正向导通判定）和支架电极对应的正、负极用金线焊接，令它们在电路上连接起来的过程。焊线后，LED 灯珠就成为一个接上合适的电源就能发光的"小灯泡"。

任务一 扩晶制程

学习目标

1. 识读晶圆的标签信息，了解芯片型号与特性。
2. 用显微镜观察芯片外观，理解目检的重要性。
3. 了解翻晶膜、扩晶环、镊子及扩晶工具等材料与工具的作用。
4. 了解扩晶机的组成与使用。
5. 掌握扩晶流程与工艺要求。

相关知识

芯片是 LED 封装企业最重要的原物料之一，了解芯片型号与特性是 LED 封装岗位的基本要求。由于 LED 芯片的命名规则因厂商不同而有所差异，到目前为止仍未形成完全统一的规则，所以第一道工序应做好核对物料。下面以某 LED 封装企业购买的芯片为例，介绍芯片的有关参数，如图 3-1 所示。

	H27L–CD	H51Z–CA
尺寸：长×宽/Chip Size：$L \times W$	$(708\pm35) \times (237\pm35)\mu m^2$	$(1277\pm35) \times (434\pm35)\mu m^2$
芯片厚度/Chip Thickness	$(150\pm15)\mu m$	$(150\pm15)\mu m$
P电极/P bonding pad	$(70\pm10)\mu m$	$(75\pm10)\mu m$
N电极/N bonding pad	$(70\pm10)\mu m$	$(75\pm10)\mu m$

材料&结构

衬底材料/Substrate Material	蓝宝石/Sapphire
外延结构/Epitaxy Structure	InGaN/GaN MQW
P电极(阳极)/P electrode(anode)	Al合金/Al alloy
N电极(阴极)/N electrode(cathode)	Al合金/Al alloy

光电性能(以H27L–CD产品为例)

发光强度/Luminous Intensity	I_v	30mA	135~220mW
主波长/Dominant Wavelength	W_d	30mA	445~465nm
正向电压/Forward Voltage	V_F	30mA	8.5~10.5V

图 3-1　某公司的 LED 芯片有关参数

由于 LED 芯片在划片后依然排列紧密、间距很小，不利于后工序的操作。为方便封装工艺的操作，需将芯片进行一些额外的准备工作，比如使芯片与芯片之间的距离扩大，这便是扩晶。扩晶也称为扩片，也可以看作是固晶前的一道辅助工序，其目的是将粘结于晶膜上的晶圆阵列（或称芯片）间的距离拉大。扩晶是利用晶膜拉伸的张力带动芯片运动，使整个晶膜上的芯片从原来的紧密排列的聚集状态，逐渐扩大排列的间距，直到达到适合识别、拾取芯片的操作。

晶膜或称翻晶膜，俗称白膜或蓝膜，它是一种塑料薄膜，因其白色和蓝色而得名。比如，同为配套 6in 扩晶环生产作业，白色翻晶膜规格尺寸为 150mm×100mm，一般用于手动固晶作业；蓝色翻晶膜规格尺寸为 200mm×100mm，常用于自动固晶机作业。

扩晶的原理是利用塑料薄膜的塑性拉伸特性。扩晶需要的动力气压一般在 0.6MPa 左右。一般还需要温度进行辅助，工作温度一般为 55℃ 左右，选择在温度升高时将塑料薄膜拉伸，从而使粘结于其上的芯片之间的距离随之变大从而完成扩晶。待扩晶机温度达到工作温度后，打开扩晶压圈，将内环放在平台上，在离子风扇前将芯片与蓝膜分离，将撕开蓝膜的芯片朝上放置，放下压圈。慢慢按"上升"按钮，将芯片扩至所需间隔，再套上外扩晶环，按下"下压"按钮，等待内外环完全吻合后松开，取下芯片，之后按下"下降"按钮，松开压圈，取出多余晶膜即可。

扩晶机也叫晶片扩张机或扩片机，被广泛应用于发光二极管、中小功率晶体管、背光源、集成电路和一些特殊半导体器件生产中的晶粒扩张工序。LED 扩晶机的原理是采用相互配合的外环和内环，将塑料薄膜夹持，内环外径与外环内径相适配，下气缸将内环向上顶，上气缸将外环向下压，随着外环与内环同轴相套的重合度增大，外环将塑料薄膜沿内环的周边拉伸，塑料薄膜受到拉伸延展，薄膜置于内圆环顶面的部分紧绷，将单张 LED 芯片均匀地向薄膜四周扩散，逐渐使芯片之间的距离增大，便于机械手操作时能准确地取件。扩晶后的芯片连同扩晶环直接用于自动固晶，也可用于手动固晶的环节。

扩晶一般采用扩晶机进行半自动的扩晶，也可以采用手工扩晶，但采用手动扩晶时很容易造成芯片掉落等问题。需要特别注意的是，由于内环外径与外环内径需要适配，两者必须相配套。工作时，塑料薄膜覆盖在内环的上表面，并沿着内环周边向下包裹，使得内环的外径加上塑料薄膜的厚度，其总和与外环内径呈过盈，即内环包裹塑料薄膜时的外径增大了，而外环内径没有变化，易造成内环与外环相套时，包裹着塑料薄膜的内环周边难于塞进外环，造成内环、外环相套困难，影响工作效率。

任务细分

按照物料单领取、核对、检验晶圆参数。

按照物料单领取、核对、检验蓝膜、扩晶环等辅助材料。

认真对照扩晶机使用说明，完成扩晶操作。

任务准备

准备物料包括待扩晶的晶圆、扩晶环、蓝膜。

任务实施

一、芯片检验

在扩晶前，需要进行芯片的检验，具体内容见表 3-1。

表 3-1 芯片检验内容

步骤	检验内容
1	主要是用显微镜观察芯片的外观，检验其材料表面是否有机械损伤、覆盖污迹及麻点、麻坑
2	检验芯片尺寸及电极大小是否符合工艺要求、电极图案是否完整等
3	检查晶圆不能有倾倒现象、电极不能有刮伤及氧化
4	扩晶前需检查晶圆标签型号及编码是否与作业的单号一致
5	检查晶圆膜是否有破损、针孔及破裂
6	检查双电极芯片，一颗芯片不能有两种不同方向

二、调试扩晶机

1）清洁工作台面，检查扩晶机（见图 3-2）及离子风扇（见图 3-3）是否运行正常；扩晶机及离子风扇的使用方式、操作要点、注意事项可参考项目六中的实训任务一。

2）打开电源，把温度设定为 40 ~ 80℃，可根据不同厂商生产的芯片的不同性能来调节参数。

3）查看晶圆膜上的单号简码及对应颜色代码是

图 3-2 扩晶机操作台

否一致。

4）检查电源插头和气源接头是否已连接或完好。

5）打开电源开关，按点动上、下键，看整机是否运行正常。

6）查看温度显示器是否调整正确，温度是否显示在所调范围内。

7）一般情况下，扩晶时温度不低于50℃，不高于60℃。温度太低会导致晶圆膜无法软化、芯片扩得不够宽；温度太高会造成晶圆膜破裂。

8）将待扩晶的晶圆膜面朝上，放于扩晶盘中央，如图3-4所示。

撕膜在离子风扇下进行

芯片要放在中心点

图3-3　离子风扇　　　　　　　　　　图3-4　扩晶盘

三、扩晶工艺流程

扩晶操作选择在半自动扩晶机上进行，扩晶机的外形以及扩晶前后芯片间距对比如图3-5所示。扩晶后芯片之间的间距比扩晶前扩大了大约一倍。扩晶操作按如下步骤进行：

1）开启机器。

2）观察温度显示器，待温度上升到设定温度时，把内环按方向指示放到加热板上并压到位；机器给加热板预热（按照所用机器的说明书设定预热温度）。

3）放置待扩晶的晶圆膜，打开扩晶机升降圆平台压盖，把扩晶环的内环套上圆平台，将要扩晶的晶圆膜，反面平放在圆平台正中间，扳回圆平台压盖，并扣上压紧螺钉。

4）进行晶圆膜预热（按照说明书规定的温度和时间预热）。

5）晶圆面朝上放于扩晶盘中央，把夹

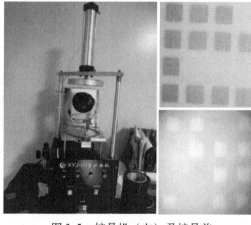

图3-5　扩晶机（左）及扩晶前（右上）后（右下）晶圆膜

具压下，将卡扣扣紧，先按动图3-2所示的扩晶键，再按点动上升键，使圆平台在气缸的推动下缓慢上升，升到一定位置后将扩晶环的外环套在扩晶环的内环上。

6）观察晶圆环与拉起的晶圆膜之间高度约为4cm时，按下停止按键，否则晶圆膜拉起过高容易出现爆裂而造成芯片不能正常使用。晶圆膜拉紧后，如图3-6所示，把外环套在内环上，按动图3-5所示的压圈键，直到外环与内环持平为止。

7）扩好的芯片，用刀片把蓝膜割断，除去子母晶环外的多余膜片，取出套环，然后按

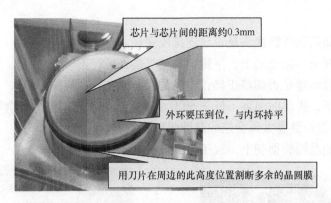

芯片与芯片间的距离约0.3mm

外环要压到位，与内环持平

用刀片在周边的此高度位置割断多余的晶圆膜

图 3-6 拉紧晶圆膜

点动下降键将圆平台下降到初始位置。

8）打开扩晶机，取出子母晶环，完成扩晶。

9）在晶圆膜上面写上此晶圆的名称、波长、亮度、电压、数量、日期等。

10）把扩晶机上的蓝膜取出放到指定的回收桶中。

11）扩晶机不使用时应把扩晶机的电源开关关闭。

12）在使用扩晶机时，如发现任何异常问题应向主管汇报，并及时处理，以免影响后序的生产。

四、扩晶注意事项

1）扩晶时的撕膜动作必须在离子风扇下进行，并应在 3～5s 内完成撕膜，手不能接触到芯片表面，以免污染芯片。

2）芯片与芯片之间的距离约为 0.3mm（即 1.5 倍芯片宽度），不可持续按动扩晶键，以免晶圆膜破损。

3）扩晶环内环有倒角的一面朝上，外环有倒角的一面朝下，内环与外环要紧扣。

4）割膜时应注意，刀片不要碰到扩晶环下面的电热丝，以免造成触电事故。

5）扩晶压圈时，必须左右手大拇指同时按下左右压圈，按键下压过程中禁止触碰芯片和扩晶盘，以免压伤。

6）此工序由固晶作业员完成。

任务评价

通过自评、互评、教师评相结合等方式，着重检查芯片检验、扩晶工艺、操作流程是否符合要求。

扩晶工艺过程评价表						
项目名称	评价内容	分值	评价分数			
			学生自评	小组互评	教师评价	
1. 任务准备（30分）	清洁工作台面，检查扩晶机及离子风扇是否正常	2分				
	检查扩晶机及离子风扇是否正常	2分				

（续）

扩晶工艺过程评价表

项目名称	评价内容	分值	评价分数		
			学生自评	小组互评	教师评价
1. 任务准备（30分）	把温度设定为 40～80℃，可根据不同厂商生产的芯片的不同性能来调节参数；查看温度显示器是否调整正确，温度是否显示在所调范围内	6分			
	查看晶圆膜上的单号简码及对应颜色代码是否一致	6分			
	检查电源插头和气源接头是否接上或完好	6分			
	打开电源开关，按下扩晶机的点动上、下键，看整机是否运行正常	5分			
	将待扩晶的晶圆膜面朝上，放于扩晶盘中央	3分			
2. 检验内容（17分）	用显微镜观察芯片的外观，检验其材料表面是否有机械损伤、覆盖污迹及麻点、麻坑	3分			
	检验芯片尺寸及电极大小是否符合工艺要求、电极图案是否完整等	3分			
	检查晶圆不能有倾倒现象、电极不能有刮伤及氧化	3分			
	扩晶前需检查晶圆标签型号及编码是否与作业的单号一致	3分			
	检查晶圆膜不能有破损、针孔及破裂	3分			
	检查双电极芯片，一颗芯片不能有两种不同的方向	2分			
3. 实操过程（35分）	检查电路，开启扩晶机	3分			
	待温度上升到设定温度时，把内环按方向指示放到加热板上并压到位；给加热板预热（按照所用机器的说明书设定预热温度）	3分			
	放置待扩晶的晶圆膜，打开扩晶机升降圆平台的压盖，把扩晶环的内环套在圆平台上	3分			
	晶圆膜预热，按照说明书规定的温度和时间进行预热	3分			
	晶圆面朝上放于扩晶盘中央，把夹具压下，将卡扣压紧	3分			
	把外环套在内环上，点按压圈键，直到外环与内环持平为止	3分			
	扩好的芯片，用刀片把蓝膜割断，除去子母晶环外的多余膜片，取出套环，按点动下降键将圆平台下降到初始位置	4分			
	打开扩晶机，取出子母晶环，完成扩晶	2分			
	在晶圆膜上面写上晶圆的名称、波长、亮度、电压、数量、日期等	3分			
	把扩晶机上的蓝膜取出放到指定的回收桶中	3分			
	扩晶机不使用时，应把扩晶机的电源开关关掉	3分			
	在使用扩晶机时，如发现任何异常问题应向主管汇报，并及时处理	2分			

（续）

扩晶工艺过程评价表

项目名称	评价内容	分值	评价分数		
			学生自评	小组互评	教师评价
4. 注意事项（18分）	扩晶时的撕膜动作必须在离子风扇下进行，且应在 3 ~ 5s 内完成撕膜，手不能接触到芯片表面，以免污染芯片而无法使用	4 分			
	芯片与芯片之间的距离约 1.5 倍芯片宽度，不可持续按动扩晶键，以免晶圆膜破损	4 分			
	扩晶环内环有倒角的一面朝上，外环有倒角的一面朝下，内环与外环要紧扣	4 分			
	割膜时注意，刀片不要碰到扩晶环下面的电热丝，以免造成触电事故	3 分			
	扩晶压圈时，必须左右手大拇指同时按下左右压圈，按键下压过程中禁止触碰芯片和扩晶盘	3 分			
总分		100 分			
总评	自评（20%）+ 互评（20%）+ 师评（60%）=	综合等级		教师（签名）：	

任务二　排支架

学习目标

1. 了解 LED 支架的作用及组成。
2. 了解支架的结构与分类。
3. 掌握支架的检验与烘烤准备。
4. 掌握支架的图像识别、阵列编辑与定位方法。
5. 了解异常现象的产生原因并掌握解决方法。

相关知识

一、支架的作用

在封装原物料的供应链中，支架是重要的原物料之一。支架是封装的基座，将芯片固定在支架上，也就是支架承载了芯片，并担负着芯片散热和导通电路等作用。大功率支架的作用和小功率支架的作用相同，都用来导电和支撑芯片。支架支撑的芯片功率为 $0.1 ~ 500\text{W}$，其结构、外观、材质差别较大，有镀金、镀银支架；有标准、非标支架；有白色支架、黑色支架；有特色支架，如：耐高温支架、贴片支架、凹杯支架、平头支架、带透镜支架等。

图 3-7 是 LED 支架。

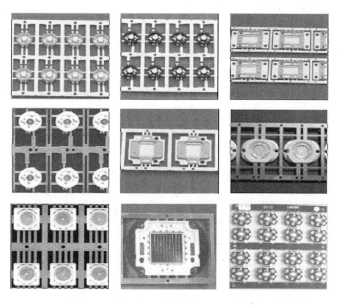

图 3-7　LED 支架

二、支架的组成

支架由支架素材经过电镀而形成，由里到外是素材、铜、镍、铜、银。直插式支架一般为铜材镀银，贴片式、大功率支架一般采用铜材镀银结构加塑胶反射杯。铜材起到连接电路、反射、焊接等作用，塑胶主要起反射、提供与胶水结合的界面等作用。在支架的众多因素中，除冲压件的设计和性质外，白色高温塑胶是影响 LED 质量和稳定性的一个重要因素。

支架按组成结构分为两种。

一种是由三部分组成：铜带冲压的支架、用来传递热量的热沉、用来连接支架和热沉的预封装胶体。LED 封装支架经后续贴装、键合、点胶、模塑后，对引脚进行折弯、分离，从而完成光电器件的封装全部制程。

另一种由四部分组成：引脚（承担供电作用）、铜柱热沉（传递器件在使用过程中所散发的热量）、固定引线和热沉的预封装胶体（其与热沉一起共同作为管芯、荧光粉的基座）、发光镜头胶体（实现对管芯等核心部分的保护和光子辐射）。

三、支架的种类

LED 支架一般有直插式 LED 支架、食人鱼 LED 支架、贴片式 LED 支架和大功率 LED 支架。从光学结构上可分为带杯支架和平头支架，分别适用于封装小角度聚光型 LED 和大角度散光型 LED。

1. 直插式支架的分类

生产上经常用反射杯编号（如 2002 杯/平头、2003 杯/平头、2004LD/DD）来代表某一类支架，见表 3-2。

2. 贴片式支架的分类

贴片式支架可分为顶部发光、侧发光两种，部分大功率 LED 的支架也可以采用贴片式的结构。目前，市场上常用的 LED 贴片式支架规格如下。

1）顶部发光：3528、5050、3020、3014。

2）侧发光：335、008、020、010。

3）大功率：TO220 LUXEON 1 ~ 7W。

表 3-2　直插式支架

编号	特点	焊线面
2002 杯	一般用于做对角度、亮度要求不是很高的材料，其 Pin 长比其他支架要短 10mm 左右，Pin 间距为 2.28mm	平头
2003 杯	一般用来做 φ5 以上的 Lamp，外露 Pin 长为 + 29mm、 - 27mm，Pin 间距为 2.54mm	平头
2004 杯	用来做 φ3 左右的 Lamp，Pin 长及间距与 2003 杯支架相同	平头
2004LD/DD	用来做蓝、白、纯绿、紫色的 Lamp，可焊双线，杯较深	—
2006	两极均为平头型，用来做闪烁 Lamp，固定芯片，可焊多条线	平头
2009	用来做双色的 Lamp，杯内可固晶两颗芯片，三个 Pin 脚控制极性	—
2009 - 8/3009	用来做三色的 Lamp，杯内可固晶三颗芯片，四个 Pin 脚控制极性	—
724 - B/724 - C	用来做食人鱼 LED 的支架	—

3. 其他种类

由于没有统一化标准，所以还有很多特殊的规格，比如有镀金、镀银支架；标准、非标 LED 支架；白色支架、黑色支架；耐高温支架、凹杯支架、平头支架、带透镜支架等。图 3-8 是国内厂商制作的几种功率 LED 支架和贴片式 LED 支架。

SMD LED中功率单晶

SMD LED多晶单色

SMD LED功率单晶

SMD LED功率单晶

图 3-8　贴片式、功率 LED 支架

任务细分

1）支架一般是外购材料，进厂后需要做进料检测。

2）需按照要求在夹具上正确排支架，不能排错方向与正反面。

3）学会在固晶台上，进行支架图像识别、阵列编辑与定位设置。

4）排支架后需要按工艺流程进行烘烤与除湿。

5）使用烤箱时，需注意安全。

任务准备

1）与仓库人员核对领料单，领取支架。

2）把支架包装盒打开，核对所领取的数量与生产单上的数量是否一致。

3）检查烤箱是否有《设备（烤箱）保养卡》《烤箱烘烤记录表》。

4）排支架人员应佩戴静电器，并保持工作台的整洁。

任务实施

一、支架的检验（见表 3-3）

表 3-3　支架的检验内容

步骤	检验内容
1	检查领来的支架是否符合生产单上所用的支架，数量是否一致
2	确认包装箱上的封箱色带及生产日期编号是否正确。检验时，请勿混放不同批次的产品
3	不同时间进料的支架，应尽量分开使用
4	检查电镀层，表面应无发黄、褐色等问题
5	外观应无锈斑，应无弯曲、变形等问题

二、排支架

排支架的具体步骤如下：

1）从箱内取出小于 1K 的支架后，把包装纸打开，按照要求在夹具上排支架，假如每个夹具上排满是 25 片支架，则一次排好的夹具不超过 20 个，即总的排好支架是 0.5K（500）。

2）排支架时手尽量不要碰到支架焊线面，以免弄脏，难以焊线。

3）排支架时还要区分正、反两面。一般支架光滑面为正面，排支架时朝向自己；粗糙面为反面，排支架时朝向夹具。

4）每排完 0.5K 支架后，用工具压平、对齐，后用镊子取出支架夹并夹好。

5）夹好的支架放一边，等待进入烤箱除湿。

三、支架烘烤

支架烘烤的具体步骤如下：

1）开启烤箱，保养设备，并记录《设备（烤箱）保养卡》。

2）进行支架预热温度及时间设定：150℃/2h。

3）检查待预热的支架是否整齐放入料盒中，每个料盒应放满支架，每次进烘烤数量依半天的使用量为准。

4）烤箱温度上升到指定温度（温度计实测数值）后打开烤箱门，将材料（料盒）放入烤箱中，摆放方式为每层12盒、分成3列、每列4盒，放好后关闭烤箱门，将进烤时间记录于《烤箱烘烤记录表》。

5）烤箱烘烤30min后应测量烤箱温度，记录于《烤箱烘烤记录表》。

6）达到烘烤时间后，将出烘烤时间记录于《烤箱烘烤记录表》，打开烤箱门约1/4缝隙，待烤箱冷却30min后拿出支架（料盒），使用周转车转移到固晶机旁边，等待固晶作业。

7）烘烤作业完成后，关掉烤箱加热开关，关闭烤箱门。

8）每周应清洗保养一次烤箱。具体方式为：用干净抹布蘸酒精擦拭烤箱内壁及烤盘，敞开烤箱门10min左右，待酒精完全挥发，然后在（150±5）℃下空箱烘烤0.5～1h之后才能用于下次烘烤作业。需要注意的是，擦拭时禁止开启烤箱电源，一定要待酒精完全挥发后再进行空箱烘烤。绝对不允许将蘸有酒精的抹布留在烤箱内进行烘烤，以免造成意外事故。

任务评价

通过自评、互评、教师评相结合等方式，检查排支架任务是否符合要求，与固晶工序中支架定位、量产前的小规模生产等结合考查。

排支架工艺实验过程评价表

项目名称	评价内容	分值	评价分数		
			学生自评	小组互评	教师评价
1. 任务准备（20分）	与仓库人员核对领料单，领取支架	4分			
	把支架包装盒打开，核对所领取的数量与生产单上的数量是否一致	4分			
	检查烤箱是否有《设备（烤箱）保养卡》《烤箱烘烤记录表》	4分			
	排支架人员应佩戴静电器，并保持工作台的整洁	4分			
	支架一般是外购材料，进厂后需要做进料检测	4分			
2. 检验内容（20分）	检查领来的支架是否符合生产单上所用的支架，数量要一致	4分			
	确认包装箱上的封箱色带及生产日期编号，检验时，请勿混放不同批次的产品	4分			
	不同时间进料的支架，应尽量分开使用	4分			
	检查电镀层，表面应无发黄、褐色等问题	4分			
	外观应无锈斑，没有弯曲、变形等问题	4分			
3. 排支架（30分）	从箱内取出小于1K的支架后，把包装纸打开，按照要求在夹具上排支架	6分			

（续）

排支架工艺实验过程评价表

项目名称	评价内容	分值	评价分数		
			学生自评	小组互评	教师评价
3. 排支架（30分）	排支架时手尽量不要碰到支架焊线面，以免弄脏，难以焊线	6分			
	排支架时还要分出正、反两面。一般支架光滑面为正面，排支架时朝向自己；粗糙面为反面，排支架时朝向夹具	6分			
	每排完0.5K的支架后，用工具压平、对齐，后用镊子取出支架夹并夹好	6分			
	夹好的支架放一边，排整齐等待入烤箱除湿	6分			
4. 支架烘烤（30分）	开启烤箱，保养设备，并记录《设备（烤箱）保养卡》	4分			
	将支架预热温度及时间设定为150℃/2h	3分			
	检查待预热的支架是否整齐放入料盒中，每个料盒应放满支架，每次进烘烤数量依半天的使用量为准	4分			
	烤箱温度上升到指定温度（温度计实测数值）后打开烤箱门，将材料（料盒）放入烤箱中，摆放方式为每层12盒、分成3列、每列4盒，放好后关闭烤箱门，将进烘烤时间记录于《烤箱烘烤记录表》	4分			
	烤箱烘烤30min后应测量烤箱温度，记录于《烤箱烘烤记录表》	4分			
	到达烘烤时间后，将出烘烤时间记录于《烤箱烘烤记录表》，打开烤箱门约1/4缝隙，待烤箱冷却30min后拿出支架（料盒），使用周转车转移到固晶机旁边，等待固晶作业	4分			
	作业完后，关掉烤箱加热开关，关闭烤箱门	3分			
	每周应清洗保养一次烤箱	4分			
总分		100分			
总评	自评（20%）+ 互评（20%）+ 师评（60%）=	综合等级		教师（签名）：	

能力拓展

1. LED镀银支架的电镀要求

大功率LED支架的生产商往往根据用户要求和功率大小来确定所用材质的结构参数。大功率LED支架一般要镀金或镀银。镀金支架对仓储条件不那么苛刻；而镀银支架则不然，为了降低LED镀银支架在仓储及使用中的不良率，可以对LED镀银支架进行功能性电镀，从而提高支架的抗氧化等功能。

2. 镀银层化学性质

单质银在常规状态下的化学性质表现稳定，银和水中的氧、空气中的氧极少发生化学反应，但遇到硫化氢、氧化物、紫外线照射及酸、碱、盐类物质作用则极易发生化学反应，会导致银层表面发黄并逐渐变成黑褐色。虽然对电镀后的 LED 支架的镀银层进行了微弱的有机保护处理，但抗变色能力依然很弱，所以在支架不用于生产流程时，要密封保存。

3. 仓储中的注意事项

1）在未打开包装的条件下，仓储放置条件为 25℃ 以下、相对湿度为 65% RH 以下。

2）LED 镀银支架的包装一旦打开，应注意表 3-4 中的事项。

表 3-4　仓储中的注意事项

序号	注意事项描述
1	不要徒手接触支架。否则人体的汗液会附着于支架表面，在后续存放或烘烤中将加速支架镀层变色氧化及支架基体生锈氧化。同时徒手接触支架功能区，也会焊线效果变差
2	作业环境应保持恒定，控制于 25℃ 以下、相对湿度为 65% RH 以下，以防止支架氧化生锈
3	昼夜温差极大时，应尽量减少作业环境中的空气流动；长时间不作业的支架，应采用不含硫的箱体密封保存
4	LED 支架在烤箱内，在维持烤箱正常运行下，其排气口尽量关闭
5	在低温季节，要尽量减少裸支架在流程中的存放时间。因为环境温度较低时，大气气压同时偏低，空气污染指数较高，日常工作所产生的废气难以散发，废气还容易与镀银表面发生化学反应导致支架变色
6	封装完毕的产品应尽快进行镀锡处理（包含完整的镀锡的产品），否则容易出现引线脚氧化，导致外观不良及焊锡不良
7	由于助焊剂呈酸性，因此产品焊锡以后需彻底清洗干净表面的残留物质，否则将在较短的时间出现氧化生锈

4. 支架放置注意事项

为防止支架在重力挤压下变形，支架堆放不得超过四层。在搬运支架过程中应轻拿轻放，拆开包装时应用刀片划开粘胶带。

5. 支架的分批管理

由于装支架模具、料盒的机械运作频繁，需定期维护模具，以保证支架的层间公差在合理范围内。为了作业顺畅，应做好支架的分批管理，以减少不同批次支架的偏差。

任务三　固晶制程

学习目标

1. 了解银胶、绝缘胶的重要技术指标及储存方式。
2. 熟悉银胶、绝缘胶的品性、作业指导，熟悉来料质量控制的内容。
3. 了解固晶机主要部件及工作原理。

4. 能按照固晶机说明书进行调试、维护。

5. 掌握表面组装贴片式 LED 封装生产的固晶工艺。

6. 能分析、处理简单的固晶机操作问题。

相关知识

一、银胶、绝缘胶

由于对生产效率的要求越来越高，以及设备自动化程度的提高，固晶工序一般在自动固晶机上进行，固晶岗位操作人员的主要任务就是在固晶机上完成固晶操作。

1. 银胶、绝缘胶概述

粘结材料主要分为固晶材料与导热界面材料两类，常见的固晶材料有导电银胶、绝缘胶、锡膏三种。选择固晶用胶时需要考虑的因素有：芯片结构、导电率、介电率、导热系数、黏度、适应温度范围等。

导电型银胶具有良好的导热性能和较高的粘结强度，银胶将银粉添加进环氧胶中，通过银粉来实现热接触，环氧树脂用来将芯片固定在基板上，根据添加银粉的粗细程度和银的含量来实现不同的导热系数。银胶具有较好的操作性能，它可提供一个较好的散热通道，既起到固定芯片的作用，又可以减少材料之间的接触热阻，将热量从 LED 芯片中间部位导出，是业内普遍采用的一种固晶方式。不过银胶一般需要低温冷藏保存，其有效期一般为一个月。

绝缘胶与银胶的区别在于银胶可以导电，绝缘胶是绝缘的。一般绝缘胶的固化温度低于 200℃，导热性能一般，但具有较好的粘结强度。在大功率器件的封装过程中，固晶材料决定着散热通道第一部分的热阻，如果固晶热阻过大将极大地影响器件的热导特性，从而导致一系列的问题。导热型绝缘胶的导热性能较差，虽然价格较低，但不适用于功率 LED 芯片的粘结。

2. 银胶、绝缘胶作业指导

（1）物料准备

进行作业前，首先要进行物料的准备。物料主要有银（绝缘）胶、针筒；存储设备指的是冰柜；主要工具为不锈钢刮刀。

（2）银（绝缘）胶来料检验及入库储存

当银（绝缘）胶来料时，仓库收料人员应实时依据供货商所附的出货单确认来料型号、数量及外观核验无误后，立即打开包装确认运送过程是否有干冰，若无干冰应立即通知来料品质检验员（Incoming Quality Control，IQC）及采购退货处理。

仓库收料人员打开包装后，应立即将银（绝缘）胶放置于 -20℃ 以下冰柜内储存，保留原外箱包装，并通知来料品质检验员进行进料检验。

来料品质检验员收到接货通知后，应在 4h 内完成检验作业，进行进料检验时，来料品质检验员依据供货商所附的出货单确认银（绝缘）胶型号、有效期限（银胶/绝缘胶失效期必须在抵达日 2 个月之后）、出货日期、数量及外观无误后即判定为通过、允收，如有不符应做退回处理。

来料品质检验员检验完成后，银（绝缘）胶应立即由原物料管控负责人将银（绝缘）

胶贴上标签，并放置于 -20℃ 以下冰柜内储存，标签编号填写规定依据供应商货物的批号（LOT NO. 序号）填写。银（绝缘）胶标签格式见表 3-5，银胶保存条件（不开盖、不与空气接触）见表 3-6，绝缘胶保存条件（不开盖、不与空气接触）见表 3-7。

表 3-5　银（绝缘）胶标签格式

银（绝缘）胶标签		备注
编号	004 - 003	银胶在室温下的放置时间，不能超过 4h（绝不允许开盖）
型号	84 - 1LMISR4	
进料日期	202034	
重量	10g	
有效期限	202035（0~5℃）	

表 3-6　银胶保存条件（不开盖、不与空气接触）

型号	条件	期限	备注
银胶 84 - 1LMISR4	(25±5)℃	2 天	在运输中需有干冰保护
	0~5℃	7 天	
	-5~-20℃	3 个月	
	-20℃ 以下	6 个月	

表 3-7　绝缘胶保存条件（不开盖、不与空气接触）

型号	条件	期限	备注
绝缘胶 DX - 20C	(25±5)℃	3 天	在运输中需有干冰保护
	0~5℃	1 个月	
	-5~-20℃	3 个月	
	-20℃ 以下	6 个月	

（3）银（绝缘）胶领料及储存方式

生产部门应依实际生产状况到仓库领料，在领料完毕后应实时存放于 -20℃ 以下冰柜内保存；置于冰柜中的银胶在不分装使用的状况下，不可随意打开冰柜门。

（4）银（绝缘）胶分装作业方式及记录

由于银胶每瓶数量较大，为避免打开次数过多，在使用前应进行分装作业。将需要分装的银胶从 -20℃ 以下冰柜内取出后，不可立即打开，应进行 75~90min 的常温下回温退冰，然后用干净抹布擦净瓶身上的水珠，直至瓶身不再有水珠产生。

打开银胶用不锈钢刮刀进行搅拌；搅拌 15min 后，用不锈钢刮刀将银胶分别装入干净的银（绝缘）胶容器内（应一次性分装完毕），并贴上标签记录。

银（绝缘）胶分装完成，4h 内必须通知来料品质检验员确认并盖章合格，方可使用，同时应做好密封防护，立即放置于 -20℃ 以下冰柜内储存。

依生产实际状况，对分装方式有如下规定。

1）银胶分装前每瓶 200g，以针筒分装为 12 支，分装后每支约 16.5g。

2）绝缘胶分装前每瓶 100g，以针筒分装成 10 支，分装后每支约 10g。

3）其他以针筒包装的则不需要分装作业；分装前后应贴上银（绝缘）胶标签，如图 3-9 所示。

图 3-9　分装前后需贴上银（绝缘）胶标签

需要注意的是，银胶于常温放置时间合计不可超过 12h（随时打开后，应立即封盖），且银（绝缘）胶有效期应按原标签规格填写或从银（绝缘）胶制造日算起。

（5）银（绝缘）胶回温记录及取用

1）从 -20℃ 以下冰柜内依序号取出已分装的银（绝缘）胶，不可立即打开，应先填写回温记录，并进行 75~90min 的常温下回温退冰，然后用干净抹布擦净瓶身上的水珠，直至瓶身不再有水珠产生即可使用。

2）取出所需胶量的银（绝缘）胶后填写标签记录，然后放入 0~5℃ 冰柜。

3）作业人员同时将银（绝缘）胶取出编号、回温时间与回温次数及时记录于表 3-8 中。在填写时需与银（绝缘）胶标签记录一致。

表 3-8　银（绝缘）胶使用记录表

公司标识	执行标准：XX - XX - XXXXX	
银（绝缘）胶取出编号	回温时间	回温次数

4）银（绝缘）胶从 0~5℃ 冰柜内取出后的回温时间为 30min。

5）固晶后 2h 内应送入烤箱烘烤。

6）分装后的银（绝缘）胶也应列入回温作业，卷标应记录一次。

7）分装后的银胶如已回温、搅拌、取用超出 3 次（含），则需在一周内全部使用完，如过期则需进行报废处理。

8）每 3h 确定胶盘胶量，适量添加银胶或绝缘胶；暂停固晶时要保持胶盘转动，如果胶盘停止转动达 60min 则需清洗胶盘，低于 60min 时需让胶盘重新转动 15min 以上，并确认银（绝缘）胶没有拉丝、发黄发黑等情况方可使用。

（6）银（绝缘）胶烘烤条件（见表 3-9）

表 3-9　银（绝缘）胶烘烤条件

型号	烘烤温度/℃	烘烤时间/min
银胶：84－1LMISR4	160	120
绝缘胶：DX－20C	160	120

（7）银（绝缘）胶上胶盘使用时间（见表 3-10）

表 3-10　银（绝缘）胶上胶盘的使用时间

型号	使用时间/h
银胶：84－1LMISR4	24
绝缘胶：DX－20C	24

（8）注意事项

1）银（绝缘）胶回温退冰时，未到时间严禁开启瓶盖。

2）发现银（绝缘）胶有明显异常（发黄、发黑等）时应及时通知技术部门评估后方可使用。

3）每日（白、晚班）需对冰柜内温度进行测量、并将测温结果填入《冰柜测温记录表》。

4）银胶在搅拌时严禁正反交替搅拌，搅拌时应沿同一方向一次性搅拌完成，中途不可停歇。

二 、认识自动固晶机

固晶的方法可分为手动固晶和自动固晶两种。目前，由于手动固晶效率低下，通常只作为修补和实验之用。为了提高生产效率，具备基本的竞争力，企业的实际生产线上，固晶工序大多数都是采用自动化程度较高的高速自动固晶机来进行。

1. 自动固晶过程中的机器动作

高速自动固晶机自动固晶的过程是一个智能化程度较高的自动化生产过程。在生产过程中，机器需要完成以下一系列的动作：从物料入口单元自动运送支架；自动识别出支架上的点胶位置；自动将银胶（或绝缘胶）点在支架上的点胶位置；自动运送芯片膜；自动识别芯片膜上芯片的位置；自动吸取芯片；自动将吸取的芯片运送至支架上已点上银胶（或绝缘胶）的位置并将芯片粘固在银胶（或绝缘胶）上；在机器上的支架全部完成固晶后自动暂停并提示更换支架；在晶圆上的芯片用完后提示更换芯片等。

光学系统 CCD 摄像机的工作原理是：被拍摄物体反射光线传播到镜头，经镜头聚焦到 CCD 芯片上，CCD 根据光的强弱积累相应的电荷，经周期性放电，产生表示一幅幅画面的电信号，经过滤波、放大处理，通过摄像头的输出端输出一个标准的复合视频信号。生产中影响最大的是角度，摄像机角度偏转时抓取芯片也会发生偏转。

2. 自动固晶机的结构原理

高速自动固晶机的生产厂商国内外皆有，比较著名的有国外的 ASM、国内的晶驰等品牌。下面以晶驰高速自动固晶机为例讲述高速自动固晶机的结构原理。图 3-10 是一款国产高速自动固晶机的外形图。

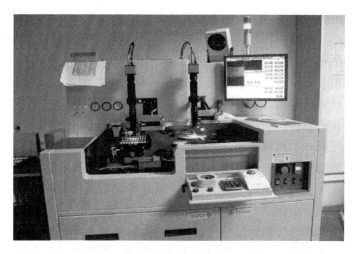

图 3-10　国产高速自动固晶机

为了能够自动完成自动固晶工艺环节的各个动作，自动固晶机各部件或模块及其功能如下。

1）固晶头及固晶臂：其上安装吸嘴，完成拾晶（吸晶）和固晶的动作。

2）晶圆工作台：用于固定晶圆及带动晶圆移动到拾晶位。

3）载板工作台及夹具：用于固定被固工件（即支架）及带动工件移动，根据所需固晶的支架类型不同，夹具也需要和其匹配订制。

4）顶针及顶针环工作台：顶针工作台上安装顶针，其作用是将被拾取的芯片顶起，并通过顶针环真空吸芯片使其脱离蓝膜，以便固晶臂拾取。

5）晶圆子母环及切换工作台：晶圆子母环用于卡紧晶圆，晶圆切换工作台用于选择及切换当前工作晶圆。

6）银胶头及银胶臂：其上安装点胶头，完成取胶和喷胶动作。

7）银胶盘：用于盛载及搅拌银胶、绝缘胶。

8）显示器及触摸屏：用于显示及操作屏幕菜单，同时也显示工件及芯片两侧的图像。

9）载板镜头：用于摄取载板工作台上的工件图像。

10）晶圆镜头：用于摄取晶圆工作台上的晶圆图像。

11）载板镜头 $X-Y$ 调节基座：用于固定和调节载板镜头的位置。

12）晶圆镜头 $X-Y$ 调节基座：用于固定和调节晶圆镜头的位置。

13）电源控制面板：开启设备总电源。

14）操控面板及抽屉：控制工作台位置及选取操作菜单。

15）显示面板：显示机器一些主要受控部件的实时工作状态。

16）三色信号灯：提示操作员当前机器状态。

17）主控箱：计算机控制部分。

18）漏晶检测传感器组建：用于检测固晶臂在拾晶后吸嘴端部是否有芯片，以及在固晶后吸嘴顶部是否无芯片。

三、点胶部件的组成与操作

芯片是使用银胶将其粘结到支架（调校好位置的多个支架）上的，该工序首先将连接着气动装置并装有银胶的针筒对准支架的芯片装载杯，然后用气压将针筒内的银胶挤入芯片装载杯中，最后将芯片放置于芯片装载杯中，芯片便可靠地与支架粘结在一起。其中将银胶挤入芯片装载杯的机构称为点胶机构。

点胶机构主要由方向调节座、联动架、针筒（或只是点胶嘴）固定架等组成。点胶机构的动作大致与顶针机构相同，它通过机构中的凸轮使连接在针筒固定架上的针筒做垂直运动，使针筒靠近芯片装载杯，然后完成挤银胶的动作。

当自动固晶机完成一个到装载杯点银胶的动作，一片芯片接着在同一个工作位置完成固晶，需将支架向前移动，使下一个装载杯移动到工作位置，以备连续对其进行点胶或固晶操作。这一工序需要一个支架的输送机构来完成，此机构要求定位精确，即每次移动支架都能使芯片装载杯精确到达指定位置，如点胶嘴的正下方。

由于需满足不同晶圆规格的固晶需要，所以设计时需使支架的位置可调节。支架输送机构主要由钩爪机构、支架定位机构、驱动电动机等组成。钩爪机构负责控制支架的输送，它每做一次往复运动则使支架向前移动一个单位行程，即两个芯片装载杯的距离，支架定位机构使支架保持垂直并保证其固晶位置相对晶圆的位置固定不变。

四、拾晶部件的组成与操作

拾晶工艺利用顶针在垂直方向顶起晶圆上的芯片，使其脱离晶圆膜，并经过负压吸到精密的吸嘴。在拾晶过程中，顶针的水平位置是固定不变的，当完成一个芯片的固晶动作后，需要移动晶圆使下一个芯片位置正对着顶针，进而完成下一芯片的固晶。为此，需要设计一个晶圆运动控制机构，对晶圆的移动进行精确控制。该机构主要由顶针机构及晶圆运动控制机构组成。顶针机构可近乎刺穿晶圆膜、使芯片脱离蓝膜的粘结，而晶圆运动控制机构则负责吸附芯片，完成送料工作。

推顶器主要由顶针、顶针帽、推顶电动机和 $X-Y$ 位置调整螺钉组成。顶针是工作中顶起芯片，使芯片离开蓝膜后，吸嘴容易吸起芯片，顶针气孔很尖细，当顶针折损或者达到使用寿命后需要及时更换。推顶电动机用来顶起顶针，更换新顶针后，一般顶起高度不超过 2300mm，而如果顶起高度小于 1000mm 时，需调整推顶电动机的推顶位置，松开推顶电动机的固定推顶位置螺钉，可以调整推顶器初始位置。顶针帽可以保护顶针，避免顶针受到外力损坏。$X-Y$ 位置调整螺丝是用来调整顶针位置，使顶针顶起芯片在中心点。整个顶针机构是由顶针、顶针架、$X-Y$ 平面、顶针 $X-Y$ 轴调节座及 Z 方向调节座组成，如图 3-11 所示。调节座上的电动机通过凸轮带动顶针架在垂直方向上运动，从而使顶针按压晶圆上的芯片，使芯片与晶圆膜脱离，落入支架的芯片装载杯中。

有些设备还安装晶圆抚平架，用于抚平顶针

图 3-11　顶针机构

按压的晶圆平面，使顶针的定位更加精确，并保证顶针能刺穿晶圆膜使芯片落入芯片装载杯中。抚平架调节座可对晶圆抚平架进行调节，使其位置能配合顶针的位置及晶圆的高度。要实现顶针机构的运作，需对顶针的位置调节机构、运动机构及运动规律进行设计。

顶针的位置调节机构可使顶针位置实现前、后、左、右、上、下六个方向的调节。对前、后、左、右四个方向的调节，使用的是由四副直流导轨组合而成的调节座。导轨结构简单、精密可靠，用其对顶针进行位置调节十分方便。此外，与顶针架连接的连接架上的形槽也可对顶针的前后位置进行调节，对顶针上下位置调节的精度要求不高，所以也可使用形槽进行调节。

顶针的运动机构主要由三部分组成，分别是电动机、凸轮及联动架。电动机是顶针机构的原动件，由电动机带动凸轮进而使联动架与顶针按照凸轮的轮廓轨迹运动。考虑到顶针运动行程短及降低固晶整机制造成本等因素，采用凸轮驱动以实现顶针的运动。联动架是连接凸轮及顶针的中间机构，它必须能保证顶针严格按照凸轮的设计轨迹运动，所以其运动精度要求较高。因此其运动导轨采用直线导轨，同时采用可调节位置的连接架连接顶针及联动架。

晶圆运动控制机构是用于控制晶圆在水平方向运动的机构，如图3-12所示。它包括两个方向晶圆的进给机构。晶圆安装在一个 $X-Y$ 工作台上，由两个步进电动机分别控制其运动。晶圆运动控制机构主要由运动平台、高度调节块、控制电动机等组成，它是在同一平面进行的光栅扫描式的运动，即按由左向右、由上及下的顺序运动。

由芯片固晶的过程可知，晶圆运动的步距为两个相邻芯片的距离，晶圆的行程则需大于晶圆自身的直径，这样才能保证晶圆上的每颗芯片均能移动到顶针下方，被顶针按压落入支架上的芯片装载杯中。晶圆运动控制机构的工作台需同时满足微小移动和大行程的要求。因此，传动部件可选用高精度的滚珠丝杠配合性能优秀的轴承，装配后的传动性能优良、无反向间隙、摩擦阻尼小、运动惯量小，并能确保晶圆机构在起停突变的情况下无冲击、定位精确。

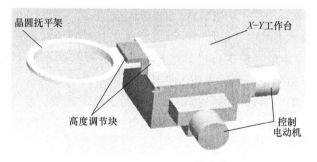

图3-12 晶圆运动控制机构

任务细分

自动固晶的操作流程如图3-13所示，其各个步骤的说明如下。

1）将工件安装在夹具载板上。安装时应注意夹具载板定位孔的方向，且一定要保证工件在夹具载板上放平整，以免夹具夹紧时不能将工件压平。

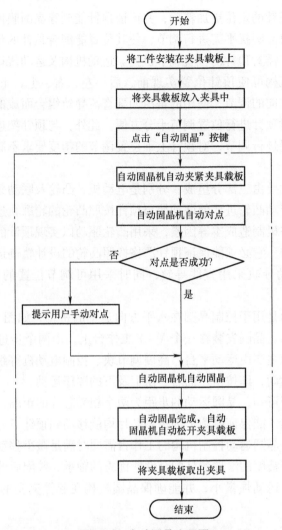

图 3-13　自动固晶流程图

2）将夹具载板放入夹具中。正常情况下，此时夹具气缸应在松开位置，因此可将夹具载板直接放入夹具中，如果之前进行过其他操作，夹具气缸处于顶上的位置，则需先按下"更换载件"按键将气缸降下，然后再插入夹具载板。

3）点击显示屏上的"自动固晶"按键或"开始固晶"按键，使自动固晶机进入自动固晶流程（注意，点击此按键之前，一定要使手以及身体其他部位离开自动固晶机夹具及其他运动部件，以免发生意外）。

4）自动固晶机自动将夹具载板夹紧：夹具气缸将升起以夹紧夹具载板。

5）机器自动对点：自动固晶机将根据对点位置分别将载板工作台移动到第一和第二对点位进行自动对点，如自动对点不成功，自动固晶机将出现提示对话框，要求用户手动对点。用户可用推杆将工作台带到对点位，按"对点确认"输入手动对点；若由于载板影响校正而造成对点不通过，可按下"载板映像标定"键重做映像校正。

6）自动固晶机自动固晶：正常情况下，自动固晶机将连续完成拾晶、固晶和取浆、固浆的动作。当出现漏拾晶或漏固晶时，通过漏晶检测传感器进行检测，并重新拾晶或报警提示。在固晶过程中如需暂停查看或进行其他操作，可按下操作键盘上的"＋"键停止固晶。

7）自动固晶完成，自动固晶机自动将夹具载板松开：夹具气缸将下降、松开夹具载板。

8）更换夹具载板：从夹具中取出已完成固晶的夹具载板，换上待固夹具载板，然后按"开始固晶"按键开始下一次固晶循环。在机器进行自动固晶过程中，操作员可将固好晶的工件从刚取下的载板上取出，以备下次使用。

任务准备

任务开始前需进行的相关准备工作如下：

1）确认物料型号是否与投产计划单对应的《量产规格书》相符合，并填写流程单，注意流程单紧跟该批材料。

2）确认支架、芯片、银胶的型号是否与量产规格书及生产任务通知单相符。

3）依《银（绝缘）胶使用作业指导书》回温退冰银胶或绝缘胶，并记录《银（绝缘）胶使用记录表》。

4）将回温退冰好的银（绝缘）胶适量注入已清洗且安装好的银胶盘，并记录《胶盘清洗记录表》。

5）填写流程单并编号。

6）固晶前支架需进行除湿烘烤，具体方法和条件参考《支架烘烤作业指导书》。

7）打开电源按键启动系统，启动系统后点击显示屏上的固晶程序图标进入固晶操作界面，依《固晶机操作指导书》开启机台，保养设备，并记录于《设备保养卡（固晶机）》。

8）在固晶机台安装及进行参数设置，完成后即可交由自动固晶岗位的操作人员使用而进行自动固晶的生产。

任务实施

一、固晶机调试

自动固晶机在生产过程中能够自动完成一系列复杂的动作从而完成整个固晶过程，但是要使得自动固晶机自动完成固晶过程，自动固晶岗位的操作技术员首先必须将机器各零部件调至正确的位置和状态，然后再设定好机器需要做的各个动作的位置与先后顺序，机器才能按照设定好的程序（通常称为程式，以和计算机程序相区别）运行，进而完成整个固晶工作。

所以，自动固晶岗位操作技术员的主要岗位技能，首先就是自动固晶机的调节、参数设定以及针对不同产品（使用不同原材料的支架和芯片）而进行的自动固晶程式的设定，其次是在程式设定好的机器上进行自动固晶过程的操作（更换支架夹具和晶圆膜）。

1. 自动固晶机设定与"三点一线"调节

自动固晶机设定除了包括正常的开机、关机维护和配套软件运行，以及常规的参数设定外，主要的工作之一就是"三点一线"调节。

自动固晶机的自动固晶动作主要有两组：一组是吸晶，另一组是固晶，三点一线就是和这两组动作密切相关的机器部件之间位置的调节对准过程。

（1）吸晶过程的三点一线

吸晶（也称为拾晶）就是固晶臂摆动至晶圆位置的正上方，然后安装了吸嘴的固晶头通过吸嘴的负压将晶圆吸起的过程。但由于晶圆是粘附于晶圆膜上的，吸晶嘴的负压显然是不会大到足够克服晶膜的粘力而将晶圆吸起，所以自动固晶机设置了顶针这一部件，在吸晶之前，先从晶膜下面用顶针往上顶一段微小的距离，使顶针对正的晶圆脱离晶圆膜，同时吸晶嘴进行吸取，这样就能完成吸晶的过程。显然，如果在吸晶时，顶针顶的位置和吸晶嘴吸取的位置没有对准，即两者不在同一条竖直线上，那吸晶动作肯定将会失败。因此，要进行自动固晶机的顶针和吸晶嘴的位置对准调节。此外，在自动固晶机运作的整个过程，吸晶动作都是被摄像头（即上文所述的晶圆镜头）全程监控的，通常令顶针和吸晶嘴的位置位于晶圆镜头的视场中心处，故称这一调节过程为吸晶过程的三点一线。简而言之就是顶针、吸嘴取晶位置、摄像头，这三者必须在同一条垂直线上。

（2）固晶过程的三点一线

固晶就是银胶臂摆动点胶头（银胶头），运动至银胶盘完成取胶，然后摆动到支架上将银胶点下（喷胶）完成固胶动作；其后固晶臂摆动吸晶嘴至支架上刚才固胶的位置并取消负压放下晶圆，使其粘附于银胶上从而完成固晶的过程。显然、如果点胶头固胶的位置和吸晶嘴固晶的位置没对准，固晶动作将会失败。因此，要进行自动固晶机的点胶头固胶位置和吸晶嘴固晶位置对准调节，同样，在自动固晶机运行的整个过程中，固晶动作都是被摄像头（即上文所述的载板镜头）全程监控的，通常点胶头固胶位置和吸晶嘴固晶位置都位于载板镜头的视场中心处，故称这一调节过程为固晶过程的三点一线。简而言之就是顶针、吸晶嘴取晶位置、摄像头，这三者在同一条垂直线上。也就是摄像头、点胶头点胶位置、吸晶嘴固晶位置，这三个点必须在同一条垂直线上。

以上两步的调节，即是自动固晶机的三点一线调节。

2. 固晶机程式设定

在调节好自动固晶机的三点一线之后，自动固晶机就能够准确完成单个支架和芯片的固晶动作。然后，需要给自动固晶机设定一定的程式，使其以后按照设定好的程式运行完成固晶的工艺。所谓程式，就是规定自动固晶机在什么地方固晶。一般而言，简单的程式都是让自动固晶机在一个矩形区域内的不同位置点进行固晶，固晶点的排布类似于矩阵的结构，即若干行、若干列，这是支架上或称载板夹具上的设定，也就是以上所述两个动作之中"固晶"动作的设定。此外，还需要进行晶圆方即晶圆膜上"吸晶"动作的设定，即规定吸晶过程在横向和纵向上的扫描顺序和间隔。

如果自动固晶机只是简单地按照事先设定的程式盲目地运作，面对实际情况的复杂性，固晶效果是得不到保障的，可能出现下面两种问题。

其一，假设由于三点一线做得很准、吸晶也完美，自动固晶机的动作也是按照程式的规定，比如，在一个 2 行 10 列的矩阵上进行了 20 次固晶。但其每一次固晶的位置，是否都准确固在设定的中心位置上，有的地方会不会偏差较大、甚至脱离了支架的有效部位。

其二，有时由于晶圆膜中晶圆位置的偏差和某一位置晶圆的疏漏，吸晶没有成功，有没有及时做漏晶修正，也会影响效果。

所幸的是，自动固晶机是一种智能化程度较高的设备，在整个固晶过程，无论是固晶还是吸晶过程，都是被摄像头（分别为上文所述的载板镜头和晶圆镜头）全程监控的，自动固晶机可以识别两个摄像头所摄取的景物。在设定固晶程式时，不仅要设定矩阵及其中各个固晶点的位置，还要摄取各个固晶点及各个吸晶点周围一定区域的图像并让自动固晶机记忆下来。这样，在按照事先设定的矩阵路径进行各点吸晶和固晶前，自动固晶机首先判定该位置是否确实是记忆中设定的正确固晶位或吸晶位附近，如判断结果为是，才移到准确的位置进行固晶或吸晶操作，否则会提示错误。

因此，固晶程式的设定和执行就不仅仅是一个固定的设定和一个盲目的执行过程。而可以理解为让自动固晶机通过学习，识别出整个固晶流程各个步骤的景物，并在正确的条件下按照顺序执行的过程。因此，固晶程式的设定通常又称为做模式识别（Pattern Recognition，PR），即让自动固晶机能够识别固晶过程的景物以避免盲目犯错。

一般而言，在一批产品即将批量生产之前，需要进行固晶程式的设定。因为不同规格的产品，使用的支架和芯片一般不会都是相同的，因此不能套用其他产品的固晶程式，而需进行新的设定。固晶程式设定的步骤如下：

（1）设置对点（设定固晶区域的大致范围）

这是固晶程式设定的第一个步骤，属于支架方的设定步骤，其意义为设定固晶区域的大体位置范围，其方法为设定两个对点（在晶驰牌自动固晶机配套软件中的术语为"设置对点一"和"设置对点二"，也是软件设置界面该步骤的设置按钮名称）分别作为固晶范围的矩形区域的左上角和右下角，自动固晶机首先找到这两个对点，初步确定固晶区域的位置。

这两个对点的确定方法要灵活处理，一般采用黑白分明、自动固晶机容易识别的图样来形成对点：在载板镜头的监控图像界面上用自动固晶机的鼠标框出一个矩形（通常是正方形）区域，其中心即为对点，以下各步骤的设置方法亦然。例如，一片大功率单颗灯珠的支架为两行10列的20个支架构成，如图3-14所示。此时，对点一可选其左上角的支架的中心，对点二可选其右下角的支架的中心。假如是集成封装的支架，则其结构不会像图3-15一样有规律性，此时，可选用一些容易识别的图样，例如小孔、直角等，以其中心区域来构成对点一和对点二。

 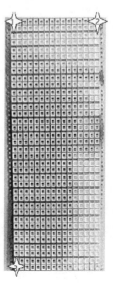

图 3-14　设置对点　　　　　图 3-15　设置矩阵

（2）设置矩阵（设置各个固晶点位置）

这也属于支架方的设定步骤，其意义为设置好自动固晶机需要固晶的各个固晶点的具体位置。由于自动固晶机一般只能设置矩形的矩阵形式固晶点阵列，所以位置的设定首先是通过设置第一、第二和第三点来进行的，在单颗灯珠支架的情形下，第一点为左上角支架中心，第二点为右上角支架中心，第三点为左下角支架中心，如图 3-15 所示。这样，便设定了矩阵的大小，即行和列的最小值、最大值位置。三点设定后，输入正确的行、列数分别为 2 和 10，单击"计算矩阵"按钮就可设定出固晶点的矩阵各元素，即每一个固晶点的位置。

（3）组群矩阵

这也属于支架方的设定步骤。因为一个夹具上可能有若干块支架片（例如，通常的 2 行 2 列四块支架片竖排），因此要在各块支架片中把第 2 步的设置"复制"一遍。这是通过组群矩阵功能来实现的，具体的做法与第 2 步类似，也是设置三个点：第一点为组群矩阵中左上角支架片的第一点，第二点为组群矩阵中右上角支架片的第一点，第三点组群矩阵中为左下角支架片的第一点，亦即各支架片的左上角支架的中心；如图 3-16a 所示，如果是通常的四行一列四块支架片竖排，则第一点与第二点重合。设置好后，按"计算组群矩阵"按钮，自动固晶机即会把第 2 步的设置复制到其余各块支架片中。

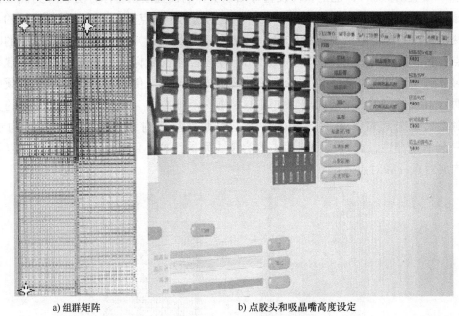

a) 组群矩阵　　　　　　　　　　　　b) 点胶头和吸晶嘴高度设定

图 3-16　组群矩阵及相关设定

（4）确认对点和各个固晶点

这也属于支架方的设定步骤。完成以上设置后，需在软件"程式重温"界面中对一块支架片上的各设定点进行确认，先确认对点，进而确认各固晶点。

（5）确认组群

这也属于支架方的设定步骤。内容为确认组群中各支架块上的第一点。

（6）位置设定

完成以上设置后，即可进入"位置设定"界面进行点胶头和吸晶嘴正确高度的确认，如图 3-16b 所示。通常而言，三点一线也可放在这个步骤进行。

（7）晶圆设定

这是属于晶圆方的设定步骤，可视为让自动固晶机能够识别晶圆的模式识别过程。其目的是令自动固晶机能找到芯片的位置以完成吸晶动作，并指定自动固晶机在完成一次吸晶后搜索下一晶圆的方向和间距。具体步骤有三个，分别为设定晶圆一、晶圆二和晶圆三的相关参数。这三块晶圆是晶圆阵列中相邻的三块晶圆，相对位置分别为左上角、右上角和右下角。在晶圆镜头的视场中，用鼠标框住整块晶圆的图像，其中心点即为相应的晶圆设定点。

（8）自动固晶机参数的再确认

完成晶圆设定后即可进入"机器参数"界面进行自动固晶机参数的确认或设置，这一界面主要是吸晶动作相关的参数设置，例如，晶圆搜索范围等。

（9）自动固晶界面的设置

之后进入自动固晶界面的设置，首先再次确认对点一和对点二，确定固晶点准确无误，其次设定吸晶动作的起始晶圆；进行单个补胶操作，如补胶位置偏差较大则需调节固晶点的位置，如补胶位置正确则进入单步补晶；位置有误需再次调节固晶点的位置，如正确则重复两到三次即可完成整个模式识别设置工作。下一步就可进入自动固晶的生产流程。

二、自动固晶运作流程

1）将晶圆放入晶圆架中，观察 LED 显示，如图 3-17 所示，将扩好的晶圆环放入吸晶架上，用手旋转调整晶圆方向，使晶圆边缘水平及垂直位置同显示屏上的显示平行吻合；晶圆需与显示屏上的十字标识呈平行排列，如图 3-18 所示（注意双电极晶圆按照显示屏上的晶圆摆放标示放置）。

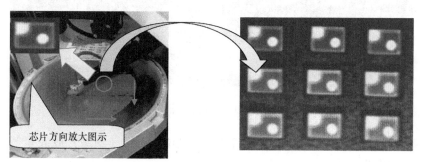

芯片方向放大图示

图 3-17　晶圆放入晶圆架

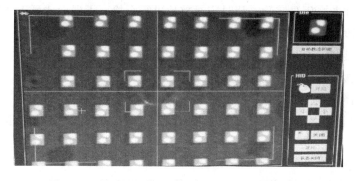

图 3-18　晶圆需与显示屏上的十字标识呈平行排列

2）支架应在相同方向装入料盒，按照自动固晶机设定好的支架方向放入料架（不同自动固晶机其左右支架方向不尽相同，应注意确认）。

3）将装有已烘烤支架的料盒放入自动固晶机上的料架（见图 3-19）。参照《SMD 自动固晶机操作手册》设置固晶参数。

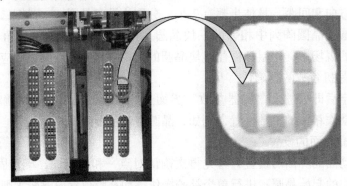

图 3-19　料盒放入自动固晶机上的料架

4）每片晶圆固晶前，需将自动固晶机固晶数量清零，如图 3-20 所示。晶圆固晶完成后，需将本片晶圆的固晶数量和自动固晶机编号记录在该张晶圆的标签上。

图 3-20　固晶数量清零

5）调整吸晶高度、顶针高度、固晶高度、固晶位置、银（绝缘）胶胶量等，确认无误后开始固晶首件作业。

6）设置完参数后做首件（每批次各一片首件材料）。首件需由领班及质检员确认无误后方可进行固晶作业，固晶完第一片时应对整片进行全检，无误后才可正式量产。

① 首件确认时间：更换机种时、停机超过 3h 后、修完机时。

② 首件确认数量：8pcs。

③ 首件确认标准参照《固晶检查标准》。

④ 将全检结果记录于《固晶首件自主检查记录表》。

7）固晶前及固晶结束时按照要求填写流程单上的自动固晶机号、开始日期、完成日期、姓名、晶圆编号、模号，若 RGB 未固全，应在流程单右上角进行备注。

三、线上检测

1）首件检验合格后批量作业时，自检装满支架料盒。

2）每台自动固晶机开始作业的第一盒材料，需按作业先后的顺序任意抽取 6 片支架进行全检作业。

3）如果固晶不良比例未超出《LED 质量报警方案》并且没有其他品质异常等问题，后续批量作业时每盒材料抽取 3 片支架进行全检作业，并填写《固晶自主检查日报表》及《产品流程单》。

4）如果固晶不良比例超出《LED 质量报警方案》或存在其他品质异常等问题，应及时停机，通知领班进行处理，必要时请各相关部门协助处理。处理完成后需重新进行上述操作步骤。

四、自动固晶的故障解决方法

在自动固晶机自动固晶运行过程中，一切条件正常的情况下，会在支架用完以及芯片用完这两种情况下发生被动暂停，并提示操作员更换支架或芯片。但在以下几种自动固晶机不能正常固晶的情形下，也会发生被动暂停。

1. 吸晶嘴堵塞

由于动作非常频繁，吸晶嘴有可能在生产过程中发生堵塞，此时，自动固晶机将会自动停下并提示操作员清洗吸嘴，此时，应在操作软件界面中设置将吸晶嘴移至清洗位，清洗完毕后检验三点一线是否仍对准，如发生偏移需进行校正，其后再继续启动自动固晶流程。

2. 吸晶或点胶位置偏移

在吸晶或点胶位置发生偏移时，可能需要重做三点一线、重做模式识别，或者两者都需要重做。

3. 芯片辨认时常出错暂停

原因之一是扩晶操作时参数不一致，导致前后各晶环中晶圆间距之间的差别过大，这样，在自动固晶机根据前一晶环所做的晶圆模式识别的结果对后一晶环中的晶圆进行识别时，困难较大，导致无法识别而发生被动暂停，这时可视暂停出现的频繁度，决定重做模式识别或者手动操作。

任务评价

通过自评、互评、教师评相结合等方式，检查固晶件是否符合要求，出烤箱固化后做推力试验。

固晶工艺过程考核评价表

项目名称	评价内容	分值	评价分数		
			学生自评	小组互评	教师评价
1. 自动固晶机调试，重点是自动固晶机程式设定（做模式识别）（30分）	是否做对吸晶过程的三点一线	3分			
	是否做对固晶过程的三点一线	3分			
	是否学会设置对点（设定固晶区域的大致范围）	3分			
	是否学会设置矩阵（设置各个固晶点位置）	3分			
	是否学会组群矩阵	3分			
	能否确认对点和各个固晶点	3分			

（续）

固晶工艺过程考核评价表

项目名称	评价内容	分值	评价分数		
			学生自评	小组互评	教师评价
1. 自动固晶机调试，重点是自动固晶机程式设定（做模式识别）（30分）	能否确认组群	2分			
	能否位置设定	2分			
	晶圆能否设定	3分			
	机器参数的再确认	2分			
	自动固晶界面的设置	3分			
2. 自动固晶运作流程（25分）	晶圆边缘水平及垂直位置同显示屏上的显示平行吻合，晶圆需与显示屏上的十字标识呈平行排列	4分			
	支架应在相同方向装入料盒，按照自动固晶机设定好的支架方向放入料架	4分			
	将装有已烘烤支架的料盒放入自动固晶机上料架	3分			
	晶圆固晶完成后，需将本片晶圆的固晶数量和自动固晶机编号记录在该片晶圆的标签上	3分			
	调整吸晶高度、顶针高度、固晶高度、固晶位置、银（绝缘）胶胶量等，确认无误后开始固晶首件作业	4分			
	进行固晶作业，固晶完成第一片时，应对整片进行全检，确认无误后才可正式量产	3分			
	固晶前及固晶结束时按照要求填写流程单上的自动固晶机号	4分			
3. 线上检测（25分）	首件确认标准参照《固晶检查标准》，首件检验合格后批量作业时，自检装满支架料盒	5分			
	每台自动固晶机开始作业的第一盒材料，需按作业先后的顺序任意抽取6片支架进行全检作业	4分			
	如果固晶不良比例未超出《LED 质量报警方案》并且没有其他品质异常等问题，后续批量作业时每盒材料抽取3片支架进行全检作业，并填写《固晶自主检查日报表》及《产品流程单》	4分			
	如果固晶不良比例超出《LED 质量报警方案》或存在其他品质异常等问题时应及时停机，通知领班进行处理，必要时请各相关部门协助处理。处理完成后需重新进行上述操作步骤	4分			
	结果记录于《固晶首件自主检查记录表》	3分			
	固晶前及固晶结束时按照要求填写流程单上的自动固晶机号、开始日期、完成日期、姓名、晶圆编号、模号，若RGB 未固全，应在流程单右上角进行备注	5分			

（续）

固晶工艺过程考核评价表

项目名称	评价内容	分值	评价分数		
			学生自评	小组互评	教师评价
4. 工艺管控（20分）	取放支架时必须做好防静电措施；作业时要佩戴防静电手腕及指套（每只手至少三个指套，分别戴于大拇指、食指和中指）	3分			
	使用透明胶（如 DT – 126）时，胶盘每4H 加适量绝缘胶一次，绝缘胶盘每48h 清洗一次；清洗银胶盘与清洁自动固晶机后所使用的抹布应放入专用垃圾桶	3分			
	使用银胶时胶盘每4h 加适量银胶一次，每次胶量约0.45mL，银胶盘每12h 清洗一次	2分			
	支架从防潮柜拿出时，按照先进先出原则，从取出支架开始计到固晶进烤的时间为4.5h，先固蓝绿光，最后固红光，固完红光材料必须在1h 内进烘烤。若出现设备故障或有其他原因，则对已固晶的支架先进烘烤，空支架放进防潮柜保存并贴上标识注明	2分			
	固晶机的吸晶嘴、点胶头在蓝绿光自动固晶机上设定每做40K 清洗一次，红光设定为20K。避免粘胶漏抓，出现多胶、少胶现象	2分			
	自动固晶机在运行时，切勿用手触及自动固晶机上危险标识部位	3分			
	固晶半成品中发现有杂物时，只允许用镊子或挑刺笔将杂物挑出	2分			
	报废的银胶需要进行回收处理，对工作台面做"5S"清理，未用完的物料统一交领班处理	3分			
总分		100分			
总评	自评（20%）+ 互评（20%）+ 师评（60%）=	综合等级		教师（签名）：	

任务四　焊线制程

学习目标

1. 了解瓷嘴的结构与走线装置，学会金属线的装线、走线。
2. 学会用显微镜观察焊线场景，理解目检的重要性。
3. 了解瓷嘴、劈刀、镊子、拉力计及调校工具的作用。

4. 了解超声波金属焊线机的主要部件及工作原理。

5. 能按照说明书来调试、维护自动焊线机。

6. 掌握焊点设置、会做模式识别。

7. 掌握表面组装贴片式 LED 封装生产前工序的焊线工艺。

8. 能分析、处理简单的操作问题。

相关知识

一、认识金属线

目前，LED 封装市场中主要用到的键合（焊接）金属线有金线、银线、银合金线、包金线、铜线和铝线。下面简要介绍其中的几种金属线。

1）金线具有导电性能好、难以氧化、电导率大、耐腐蚀、韧性好等优点，广泛应用于集成电路。相对于其他材质而言，其最大的优势是抗氧化强、性质稳定。

2）银线具有价格相对便宜（与同等径的金线相比，银线价格只有金线的 1/5 左右）、反光性好（产品亮度增加 10% 左右）、导电性好、可焊性比较好（在与镀银支架焊接时，不需要加 N2 保护，只要简单修改焊线系数即可）等优点。

3）包金线具有良好的导电性能，在超声波作用下，包金线具有极易与金、银、铜等介质相结合的优点，但其烧球不好，适用于压焊。

4）铜线可节约键合材料成本 80% 以上，可以在氮气环境下封装，生产更安全，克服了金丝的键合硬度高、易氧化、键合力大等缺点，且其互连强度比金线还要好，单晶铜线替代键合金线不需要更换生产设备。但是铜容易被氧化，焊接工艺不稳定，且铜的硬度、屈服强度等物理参数高于金和银。

二、超声波金属焊线机的组成与应用

1. 超声波金属焊线机的组成

固晶结束后的下一个工序就是焊线，也称引线焊接、压焊、键合、绑定（Bond）等，焊线是 LED 封装生产中非常重要的一个环节。目前大多数 LED 封装产品的焊接采用固态焊接。所谓固态焊接就是金属在未达到溶解温度情况下的焊接，固态焊接时的决定要素主要有：压力、振动功率、焊接时间、焊接温度。对于不同种类的合金线而言，合金线的材质不同，焊接时与电极和支架间键合的能力差异甚大。

焊线需要通过焊线机才能完成，目前常见的是超声波金属焊线机。焊线机发展经历了：手动焊线机、半自动焊线机（改装机）、低速全自动焊线机、高速全自动焊线机。目前全自动焊线机在 LED 行业应用已经很普遍，是 LED 行业封装不可缺少的设备，手动和半自动焊线机由于在产能上满足不了市场的需求，已经逐步被全自动焊线机所取代，只作为补线用的辅助设备，用得较少。

全自动焊线机是一种集计算机控制、运动控制、图像处理、网络通信、由多个高难度 $X-Y-Z$ 平台组成的非常复杂的光、机、电一体化设备，其具有高响应速度、低振动、高效率、稳定的超声输出和打火系统，以及具有高精准的图像捕捉能力，焊接材料通过全自动上下料系统可实现全自动循环焊接。广泛应用于生产 SMD 贴片式 LED、大功率 LED、晶体管、数码管（Digital Display）、点阵板（Dotmatrix）、背光源（LED Backight）、IC 软封装

CCD 模块和一些特殊半导体器件的内引线焊接。

以目前工厂使用比较普遍的全自动焊线机——ASM iHawk 全自动焊线机为例，如图 3-21 所示，它主要由 PR 系统和 PC 系统两大系统组成，除此之外，还有其他辅助设备。

1）PR 系统，PR（Pattern Recognition）即模式识别，基于编辑图像参数、调节黑白对比度等，设定对点、点数、功能和动作，它决定了全自动焊线机生产能否高效、精确以及自动化的程度。

2）PC 系统，全自动焊线机的 PC 系统主要是对信息数据进行处理并加以控制的控制单元，全自动焊线机的 PC 系统由多个控制模板构成。

3）封装不同光电器件所使用的材料不同，由于铜线和铝线在 LED 焊线中的制程问题，焊线不太顺畅，质量不好，而金线和 LED 芯片上的电极接合性较好，并且金线不易氧化，所以表面组装贴片式 LED 封装主要常用金线作为焊丝。LED 金线是由纯度 99.99% 以上的金（Au）材质拉丝而成，它在

图 3-21 全自动焊线机

LED 封装中起到连接导线的作用，将芯片表面电极和支架连接起来。安装在全自动焊线机上的成卷金线如图 3-22 所示。

4）瓷嘴和打火杆，瓷嘴也叫陶瓷劈刀，是全自动焊线机的一个重要组成部件，金线通过焊线机的送线系统最后到达瓷嘴，在瓷嘴上下移动的过程中完成烧球、压焊等操作。瓷嘴和打火杆在全自动焊线机上的外形和位置如图 3-23 所示。

打火杆的高度、位置和水平度要设置好，要求焊线窗（Window Clamp）打开后，不会碰到打火杆；尖端低于劈刀头一定程度；劈刀下降后，不会碰到打火杆；打火杆尖端应该保持水平。

图 3-22 金线

图 3-23 瓷嘴和打火杆

5）进料盒和出料盒，进料盒一般在全自动焊线机的左侧，出料盒一般在其右侧。如果进料盒和出料盒的升降都与焊线进度配合很好，就能保证送料和出料及时、不待机，如图 3-24 所示。

图 3-24　进料盒（左）和出料盒（右）

6）其他辅助设备，焊线过程中还需要用到的工具、设备有：拉力计、防静电环、镊子、挑晶笔、酒精、螺丝刀、夹具、铁盘、显微镜等。它们在 LED 焊线过程中是不可缺少的。例如，检测 LED 焊线拉力大小的拉力计就是焊线环节中非常重要的一个质量检查工序；显微镜用于焊线结束后检查是否有虚焊、松焊和焊歪等。

2. 超声波金属焊接应用

超声波金属焊接的原理是利用超声频率（超过 16kHz）的机械振动能量，在压力、热量和超声波能量的共同作用下，连接同种金属或异种金属的一种特殊方法。金属在进行超声波焊接时，既不向工件输送电流，也不向工件施以高温热源，只是在静压力之下，将振动能量转变为工作时的摩擦功、形变能及有限的温升，接头间的冶金结合是在母材不发生熔化的情况下实现的一种固态焊接。因此它有效地克服了电阻焊接时所产生的飞溅和氧化等现象。超声金属焊接能对铜、银、铝、镍等有色金属的细丝或薄片材料进行单点焊接、多点焊接和短条状焊接。

LED 封装中采用的超声波金属焊线机是将焊线机上的换能系统产生的位移振动转移到焊线劈刀头上，焊线时由劈刀头作用于焊球使之与焊盘之间产生摩擦，这一摩擦在焊线初始阶段可以有效去除焊盘表面的薄层污染物或氧化层，使焊盘露出新鲜的表面，更易于完成焊接。在焊线之前，固定焊件的工作台需要预热，在焊线过程中工作台保持加热状态。固晶完成的 LED 支架在超声能量、温度、压力的共同作用下形成焊点，使焊丝焊接到 LED 芯片电极和 LED 的支架引脚上，完成 LED 芯片的内外电气连接，通电使之发光。

焊接时，首先金线的首端形成球形（采用负电子高压成球），并且对焊接的金属表面先进行预热处理；接着金线球在劈刀头向下的压力作用下，在金属焊接表面产生塑性变形，使两种介质达到可靠的接触，并通过超声波摩擦振动，两种金属原子之间在原子亲和力的作用下形成金属键，实现了金线引线的焊接。

其工艺过程可简单表示为：烧球＞一焊＞拉丝＞二焊＞断丝＞烧球，如图 3-25 所示。所焊线的第一焊点呈圆形并且边沿有一定厚度，大小一致；第二焊点呈鱼尾形、有一定厚度，并且焊线无伤痕，弧形一致。工艺要求，焊点要正、焊球光滑一致；无多余焊丝、无掉片、无损伤芯片、无压伤电极；不同外观的双电极芯片焊接要有正确的走线方向，双线不交叉、重叠。

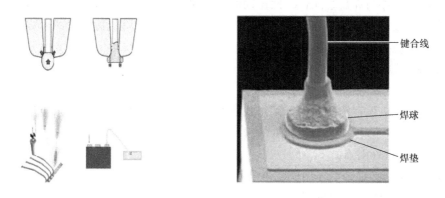

图 3-25 简化的焊接工艺过程

超声波金属焊线机还可以分为金线机、铝线机，其中金线机由于黄金的高电导性、高可塑性，比铝线要细得多，主要用于焊接各种照明用的 LED 灯，包括高亮的 LED 灯。铝线机主要用于焊接数码管等。

三、瓷嘴的结构与走线装置

图 3-26 是超声波金属焊线机的放线系统，焊线通过导丝环、导丝管、托丝板、夹丝片，最后通过劈刀出来。劈刀是超声波金属焊线机上很关键的一个小部件，劈刀是一个中空的管，材质为瓷性材料，焊线穿过劈刀中空位置来到电极表面，超声波金属焊线机通过劈刀对焊线施加压力、温度及超声波能量，劈刀的尺寸对焊线的影响不容忽视，劈刀尺寸需与焊线尺寸、产品封装形式互相匹配，匹配度不好将严重影响焊线质量，不同类型的劈刀焊出的焊球球型对键合质量影响不同。

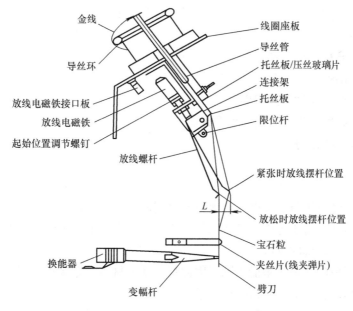

图 3-26 超声波金属焊线机的放线系统

键合压力是在焊线过程中通过劈刀对焊球施加的。焊线过程中施加压力使焊球产生塑性变形，才能保证焊球与焊盘之间在摩擦振动的同时保持紧密接触，进而完成焊接。焊线压力低会导致虚焊、键合质量差、测试推力不足。焊线压力过大会降低键合点颈部强度，使焊线易断，甚至有可能导致焊盘损坏等问题。

四、自动焊线机调试与程式设定

1. 编程 PC

当在自动焊线机保存的程序中，无法找到所需适用的旧程序时，就必须重新建立新的程序，步骤如下。

1）设置参考点（对点）。

2）编辑图像黑白对比度（做模式识别）。

3）焊线设定（编写焊线程序）。

4）复制。

5）设定跳过的点。

6）进行瓷嘴高度测量（即测量高度）及校准可接受容限（即容差值）。

7）一焊点脱焊侦测功能开关设定。

2. 校准模式识别

模式识别校正必须在有程序的情况下才能进行，当我们在焊线过程中出现搜索失败或模式识别不良时，有必要重新校正图像对比度（即模式识别光校正）。它包含以下 3 个步骤：

1）焊点校正（对点）。

2）模式识别光校正（做光）。

3）焊线顺序和焊位校正。

3. 调机

正常换单时，首先了解芯片及支架型号后再按照以下步骤进行调机：

1）调用程序。

2）轨道高度调整。

3）支架走位调整。

4）模式识别编辑（做模式识别）。

5）测量焊接高度（进行瓷嘴高度测量）。

6）焊接参数和线弧的设定。

任务细分

焊接过程中，键合线与芯片电极或镀银层之间的粘结力是否达到生产要求，两种材质的匹配度是否达到最佳，需要考虑焊接线的材质不同，其膨胀系数不同，与电极或镀银层的匹配度会影响其形成共价键的难度。

不同要素下形成的共价键键能不同，因此焊接线的材质、焊接条件都会直接影响键合拉力值，可以以合格的拉力值来确认生产要素。

两种材质焊接后，热电阻系数也是需要考虑的，不要在焊点处形成明显的热积聚，从而影响产品使用寿命。首先是材质不同、热阻不同；其次焊接过程中形成的焊线形貌、结点键合力，会产生不同的热效应后果。

所以需要在自动焊线机上多次调整焊接四要素：功率、压力、时间、温度，确认焊线达到生产各项指标，才能进入自动化连续生产。

任务准备

一、焊线检验

根据生产任务单上的金线型号选择相应金线或合金线。焊接线进料检验主要是金线外观和拉力的检测，外观要求金线干净无尘和整洁，拉力测试对进料卷数抽取30%进行拉力测试，取每卷的 5~10cm 进行拉力测试，测试结果：1.0mil 金线拉力必须大于7g，否则为不合格；1.2mil 金线拉力必须大于15g，否则为不合格。

二、焊线机的参数设定与操作保养

焊线过程中的温度是通过放置支架（或称基板）的工作台来作用于焊线过程的。焊线时，支架平整固定在工作台上，工作台是金属板材质，其含有加热系统，常见焊线参数设定工作台温度为150~200℃。通过工作台对支架加热进而作用于支架内芯片的焊盘（或称电极）上。焊线温度会影响焊接接触面附近金属的物理性质，会影响金属原子的扩散，影响焊接接触面新的金属相的形成。升高温度有助于提高焊接接触面金属原子的活性，提高金属原子的活化能有利于形成良好的焊接。温度过高会导致金属软化，大幅度降低焊接质量，不利于焊接。

焊接压力是在焊线过程中通过劈刀对焊球施加的。焊线过程中施加压力使焊球产生塑性变形才能保证焊球与焊盘之间在摩擦振动的同时保持紧密接触，进而完成焊接。焊线压力低会导致虚焊、焊接质量差、BST测试推力不足。焊线压力过大会降低焊接点颈部强度，使焊线易断，甚至有可能导致焊盘受损。

超声波振动是通过劈刀锥形体斜面作用于焊球，与焊接表面微观形貌相对应，电极表面的环形区域受超声波作用，产生的塑性变形最大。超声波振动在焊线初期可以起到清洁焊接表面的作用，在焊接时段对焊接接触面金属产生塑性变形，摩擦生热也可以改变金属的物理性质，影响金属原子的活化能及扩散能力。超声波功率是单位时间内在金属接触面施加的摩擦及振动能量。随着功率增大，摩擦速度变快，塑性变形的环形区域减小。超声波功率过高引起的摩擦温升过高，可使金属软化，降低焊接质量。

超声波时间是指超声波功率及焊线压力对焊球及焊盘的作用时间，需要持续一定时间才能完成焊接过程，但时间过长会影响效率，焊点质量会变差，可焊性变差。

自动焊线机所使用的劈刀有各种不同的型号及尺寸，一颗劈刀有多项参数需要确定。劈刀的尺寸对焊线的影响不容忽视，劈刀尺寸需与焊线尺寸、产品封装形式互相匹配，匹配度不好将严重影响焊线质量。

三、瓷嘴检查与更换

瓷嘴（磁嘴）更换需在主菜单界面下更换，将扭力扳手放在2kg力矩下，松开瓷嘴定位螺丝，取下瓷嘴，左手用镊子将瓷嘴放于瓷嘴上表面与换能器上表面持平，用扭力扳手上丝时应旋转用力，不可前推，换完瓷嘴后，按下校准瓷嘴"校准"按键，依提示校准后，再设定瓷嘴高度，然后穿线，再按下"EFO"按键烧球。

四、配置自动焊线机及自动焊线机清洁

1）根据生产任务单找相同编号、图样号与流程单，悬挂在自动焊线机上。

2）根据产品型号选择相应治具。

3）可用酒精对自动焊线机运行轨道及焊线机头清洁。

4）运行轨道和焊线机头每班上班时清洁一次，以表面无可见灰尘为标准。

任务实施

一、焊线流程

依《焊线机操作指导书》开启自动焊线机，保养设备，并记录《设备保养卡（焊线机）》；设定自动焊线机焊线温度：100~180℃。

将装有已固晶烘烤支架的料盒以一流程为单位放置于"待焊线区"，如图 3-27 所示，等待焊线作业。

待焊线放置区上放置的待焊线材料数量，以自动焊线机焊线的半天生产用量为准；并在每个焊线区域产品标示牌上注明生产产品型号、生产单号、线材、以及自动焊线机编号，如图 3-28 所示；再次确认单号以及所用物料是否与量产规格书相符，焊线流程要点见表 3-11。

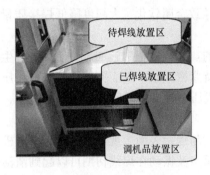

图 3-27　区分不同的放置区

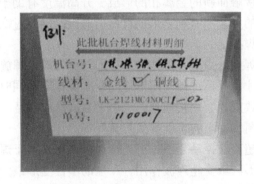

图 3-28　焊线区域产品标示牌

表 3-11　焊线流程要点

工序	作业步骤	图示	作业内容描述
1. 焊线准备	1.1　核对生产任务单和转料过来的支架		1. 核对生产任务单和生产流程单上的生产批次和支架上的生产批次是否相同 2. 生产流程单的固晶后烘烤栏要有"QC PASS"确认盖章

（续）

工序	作业步骤	图示	作业内容描述
1. 焊线准备	1.2 核对生产流程单和材料数量，检查支架放置方向	 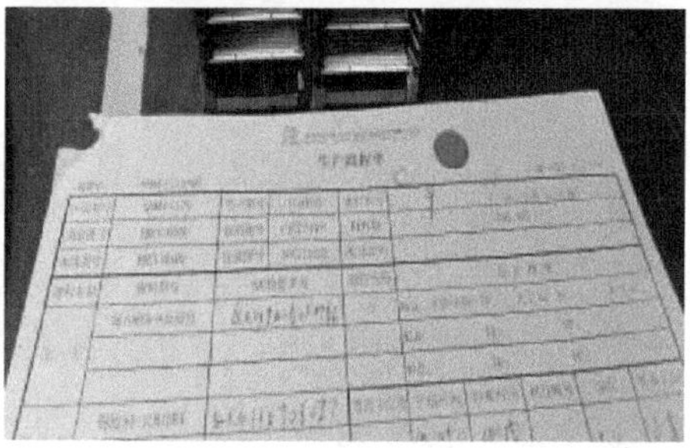	1. 核对生产流程单上的数量和料盒内材料数量是否相同 2. 料盒内材料放置方向一致，流程单号标识完整 3. 检查固晶出烘烤时间，材料在线时间参考《材料防潮作业指导书》
	1.3 选取流程单、图纸、金线、治具	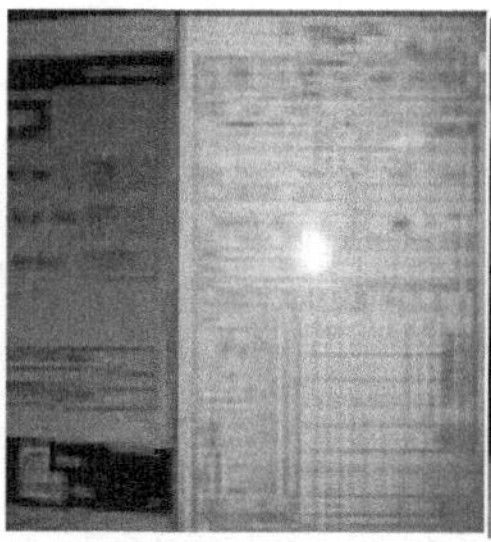 	根据生产任务单上金线型号选择相应金线或合金线；找相同编号、图纸号与流程单，悬挂在自动焊线机上；根据产品型号选择相应治具
	1.4 自动焊线机轨道和焊线机头清洁		1. 对自动焊线机运行轨道及焊线机头清洁 2. 运行轨道和焊线机头每班上班时清洁一次，以表面无可见灰尘为标准 3. 可用酒精擦拭

（续）

工序	作业步骤	图示	作业内容描述
2. 开机	依次打开自动焊线机电源、气源，进入自动焊线机主界面	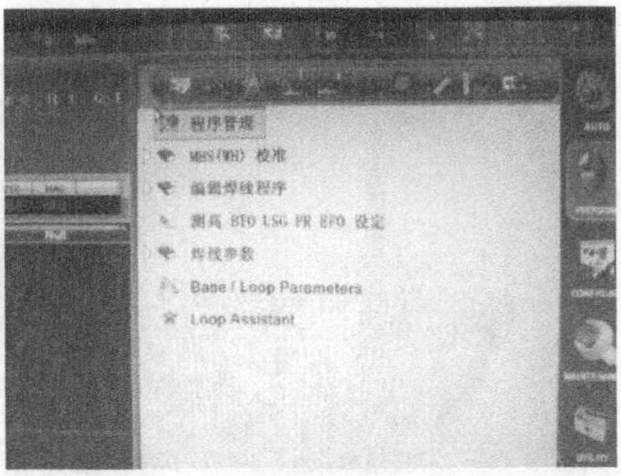	开机详细过程参考《焊线机操作指导书》
3. 材料上机	3.1 检查待焊线材料和流程单是否相符、材料方向是否一致		1. 拿取支架时，佩戴静电环，且两只手全部佩戴手指套，拿支架时，用拇指和食指拿支架中间位置两边，不可碰到支架杯口，不允许有材料重叠 2. 检查待焊线材料和流程单相符、材料方向一致、标识完整
	3.2 将料盒放入进料架		1. 戴手指套和静电环，两手贴住料盒的两侧（保证支架没有露出料盒），以防支架卡住 2. 将料盒放置到底部
	3.3 将空料盒放入到出料架上		1. 将料盒放入进料架 2. 将料盒放置到底部

（续）

工序	作业步骤	图示	作业内容描述
3. 材料上机	3.4 安装金线		1. 先以垂直方式将盖子打开，小心地从盒子中拿出卷轴，注意不要触及金线表面 2. 用镊子把线尾的粘带取出（金线绿胶纸所粘线头朝内，红胶纸所粘线尾朝外） 3. 用镊子将金线线尾拉出接地，并确认连接可靠
	3.5 将金线穿过线阀至劈刀处		1. 将金线从线夹上穿过，必须经线套进焊线机头 2. 线夹、线套须经常清洁，保持金线路径无杂物，以免金线污染造成断线
	3.6 确认金线安装正确		按"Cor Bral/Wclmp"键打开线弧气流，将金线穿至劈刀处
	3.7 保持出料盒挡板关闭	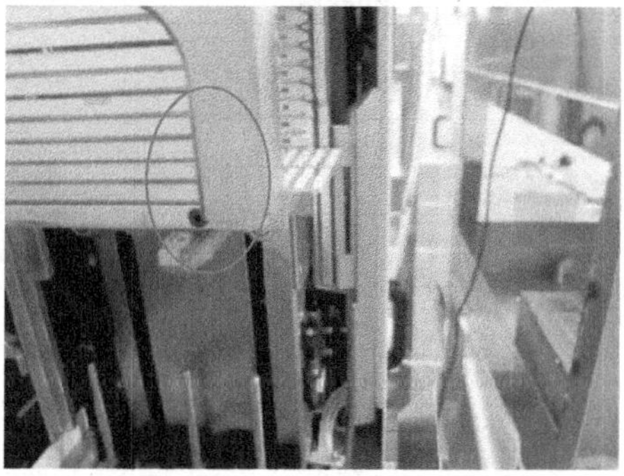	作业员自检支架后一定要关闭出料盒挡板（自动焊线机运作时产生振动，支架会从出料盒中掉出）

（续）

工序	作业步骤	图示	作业内容描述
4. 程序编辑	4.1 料盒编辑和支架成列编辑	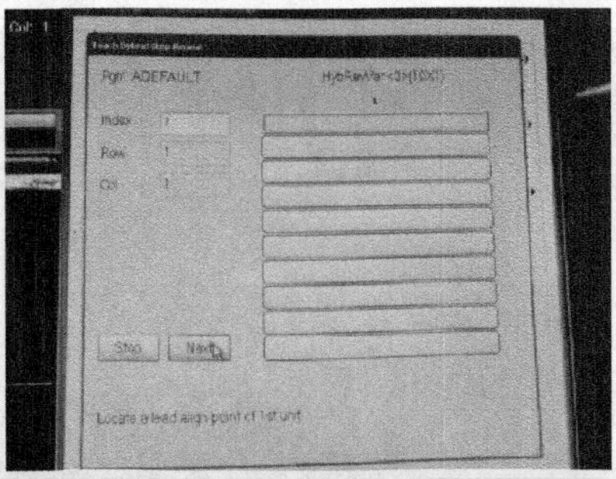	参考《焊线机操作指导书》
	4.2 进入主菜单"PRAGRAM"选择"编辑焊线程序"中的"编辑主焊线程序"		1. "编辑主焊线程序"按确认，进入支架与芯片模式识别编程 2. 参考《焊线机操作指导书》
	4.3 检查模式识别是否可以做到防反功能	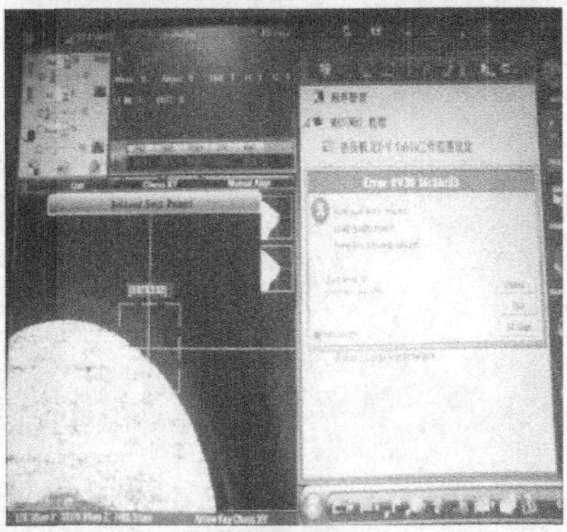	1. 进入自动焊线画面 2. 先对材料和焊线示意图及焊线位置模式识别进行确认，填写《焊线检查自检表》 3. 确认模式识别后，取一片材料按照写模式识别的相反方向进行焊线作业，以检验支架放反是否还能焊线
5. 参数确认		自动焊线机使用参数	

电子打火器电流	3650 ± 150mA
焊球尺寸	45 ± 3μm
焊球厚度	32 ± 2μm
待机功率	10 ~ 20DAC
接触时间	3ms
接触功率	10 ~ 20DAC
接触压力	10 ~ 20g
焊接时间	15 ~ 25ms
焊接功率	40 ± 10DAC
焊接压力	30 ± 5g
释放时间	2ms
释放功率	10 ± 5DAC
释放力	10 ± 5g

（续）

工序	作业步骤	图示	作业内容描述
6. 首件作业	6.1 首件检查及确认	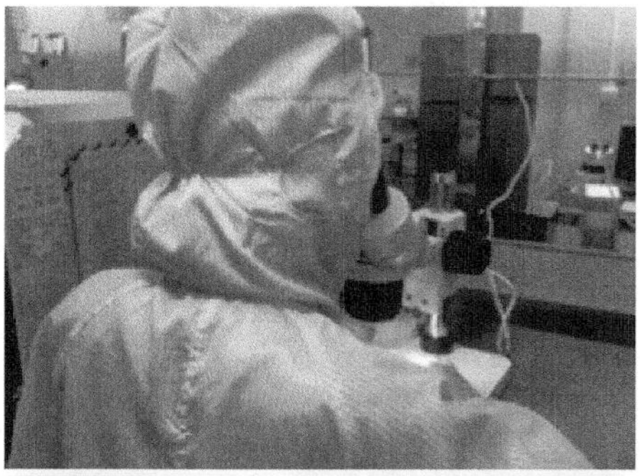 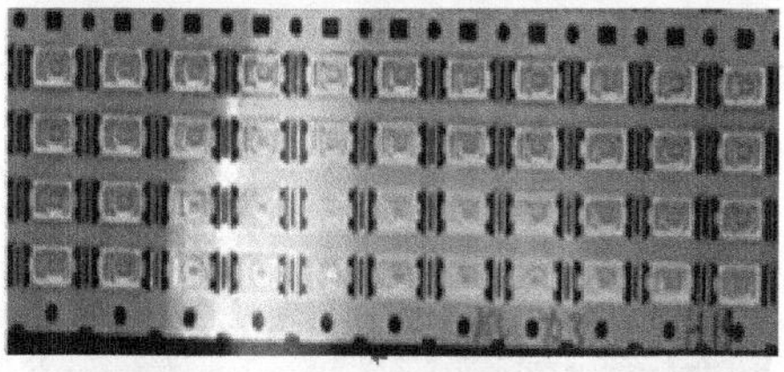 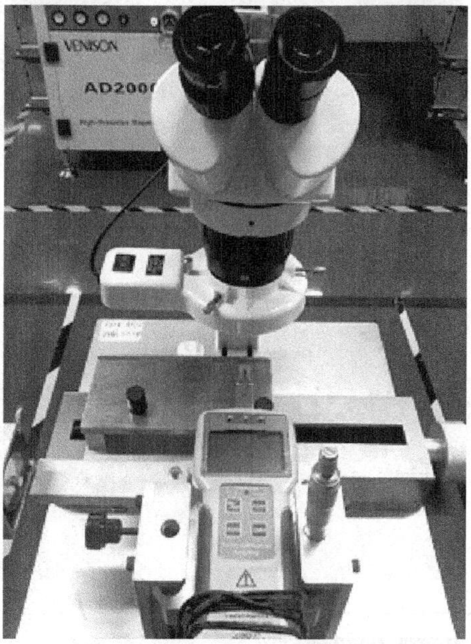	1. 调试完毕后，开始焊线。焊完第一个单元前两列先停机，佩戴手指套和静电环，用镊子夹取支架边缘部位，缓慢移出料盒，拿取支架中间的两侧，放置在载片台上 2. 移动载片台，在显微镜下做首件检验，自检合格后，由质程检验员确认合格后才可开始作业 3. 机器故障或换批次作业后请重新制作首件，按第1条执行材料检验 4. 焊线产品检验参照《焊线检验规范》进行，材料放置时不可有堆叠 5. 首件需要对产品进行拉力测试，测试拉力后不允许使用含氯的油性笔标示在杯口上面 6. 首件记录《首件检验单》 7. 焊线后所有不良品需用镊子将金线取出扔掉
	6.2 调机作业	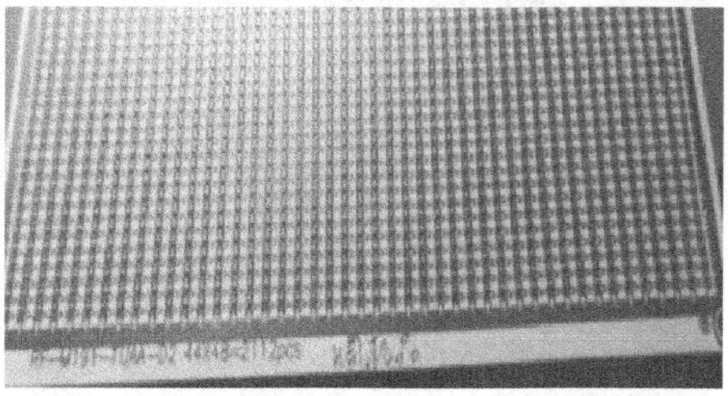	1. 调机必须是小于或等于一排的情况下进行调试作业，设备调试完成取出材料时，作业员使用无氯的油性笔对调机品做好标识，并在支架上的右下角写上"调机品"字样

（续）

工序	作业步骤	图示	作业内容描述
6. 首件作业	6.2 调机作业	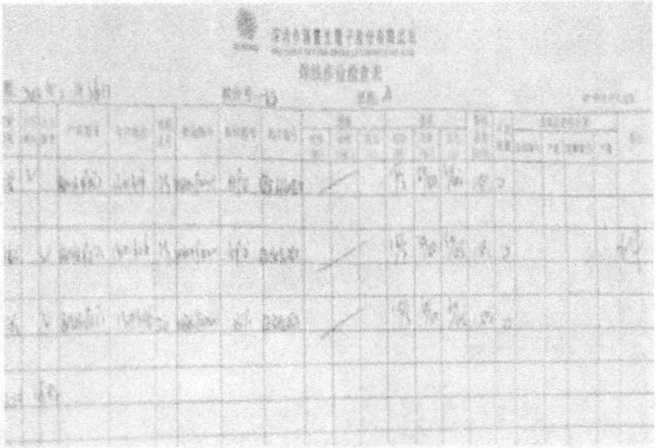	2. 调试自动焊线机相关参数后，作业员必须将参数完整记录在《焊线检查自检表》内，备注栏内要写上调机原因，且要求质程检验员确认并要求执行
			3. 调机品必须放置在工作台待处理区域，不可以和正常生产品混放，料盒贴上标有"调机品待全检确认"标签
		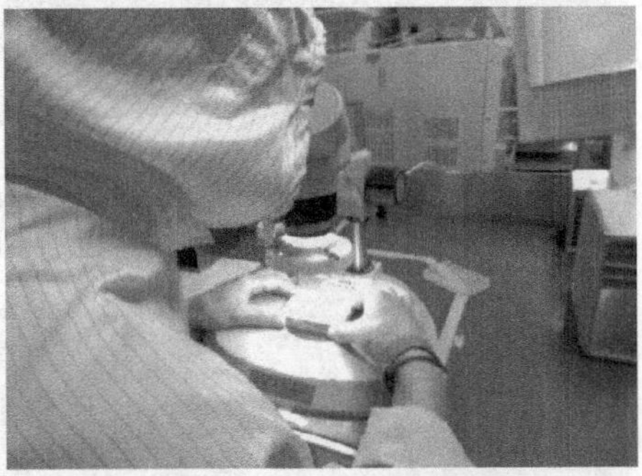	4. 焊线站调机品作业员必须全检，由质程检验员再次全检确认合格才可转至下一工位
		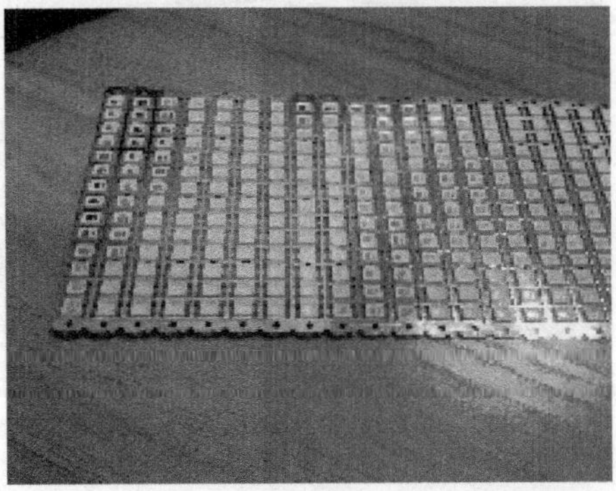	5. 推拉力测试要求调机的前一排、中间一排及最后一排，总数量要求15pcs以上

（续）

工序	作业步骤	图示	作业内容描述
6. 首件作业	6.3 调机品处理	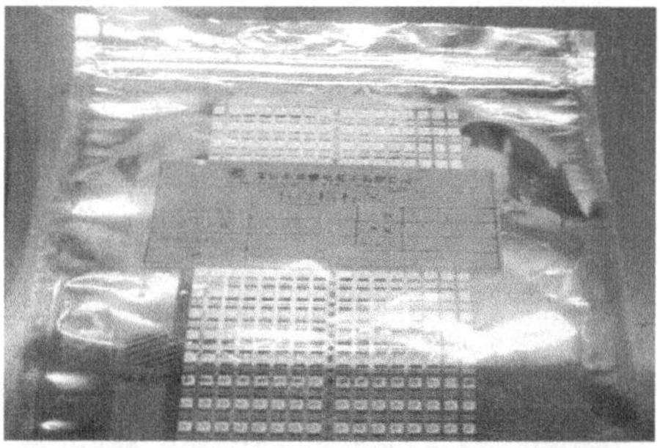	不合格的整片产品装入静电袋中，贴上红色不良标签报废，随流程单正常流，不需要灌胶。不合格的产品用镊子将金线取出扔掉，统计不良数量记录流程上，质程检验员确认合格后正常流入下一站
7. 自动作业	7.1 自动焊线作业	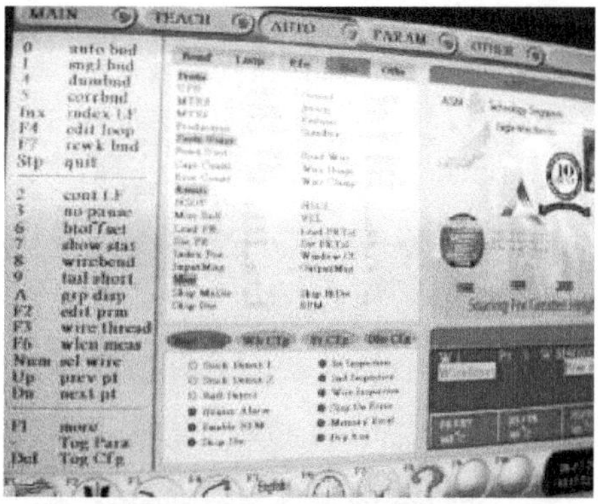	开始自动焊线作业
	7.2 自检检查	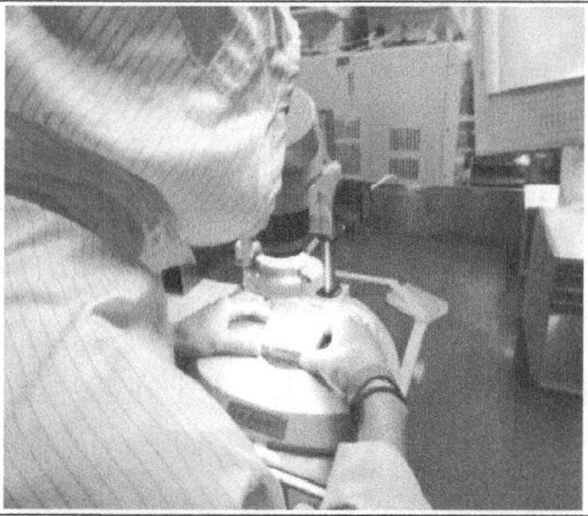	1. 焊线检验频率参考各产品《控制计划》，焊线产品检验参照《焊线检验规范》进行 2. 待自检材料禁止堆叠放置，需放入料盒中 3. 作业员每做一次自检，需记录在《焊线检查自检表》，质程检验员抽检记录写在《焊线制程检查记录表》内
	7.3 核对焊线数量并附生产流程单放在质程检验员待检区		1. 材料检验完毕，核对流程单上产品数量与材料数量一致，放在质程检验员待检区 2. 质程检验员检验完毕，立即将材料转往点胶站，流程单与材料同步转入点胶站

（续）

工序	作业步骤	图示	作业内容描述
8. 结束作业	8.1 显示屏上提示正在退出系统		显示屏上提示正在退出系统
	8.2 关闭电源和气源		关机详细过程，参考《焊线机操作指导书》

二、焊线工艺要求

1. 焊接位置

1）焊接时，第一焊点的焊接面积不能有 1/4 以上在芯片压点之外，焊球合格与不合格对比如图 3-29 所示。

合格: 焊球未超出压点   不合格: 焊球有1/4以上在压点之外

图 3-29 第一焊接点位置规范

2）第二焊点不得超出支架焊接的键合小区范围，合格与不合格对比如图 3-30 所示。

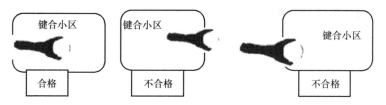

图 3-30　第二焊接点位置规范

3）在同一焊点上进行第二次焊接时，重叠面积不能大于之前焊接面积的 1/3。

4）引线焊接后与相邻的焊点或芯片压点，相距不能小于引线直径的 1 倍。

2. 焊点状况

1）焊接面积的宽度应在引线直径的 1~3 倍之间。

2）焊点的长度应在引线直径的 1~4 倍之间。

3）不能因为缺焊丝尾而造成焊接面积减少 1/4，焊丝尾的总长度不能超出引线直径 2 倍。

4）焊接的痕迹不能小于焊接面积的 2/3，且不能有虚焊和脱焊。

5）焊球大小：焊球的直径应在金线直径的 2~4 倍之间。

6）焊球厚度：焊球的厚度应在金线直径的 1.2~2.5 倍之间。

3. 弧度要求

1）最低：第一点的高度应该高出第二点的高度，形成第一点到第二点的抛物线形状。

2）最高：不能高出晶圆本身厚度的 2 倍。

4. 拉力控制

1）对于 0.8~1.0mil 的金线，拉力≥5g。

2）对于 1.0~1.2mil 的金线，拉力≥6g。

5. 引线要求

1）引线不能有任何超过引线直径 1/4 的刻痕、损伤、弯折等。

2）引线不能有任何不自然拱形弯曲，且拱丝高度不小于引线直径的 6 倍，弯折后拱丝最高点与屏蔽罩的距离不应小于 2 倍引线直径。

3）不能是引线下压在芯片边缘上或其距离小于引线直径的 1 倍。

4）引线松动而造成相邻两引线间距小于引线直径的 1 倍或穿过其他引线和压点。

5）焊点预引线之间不能有大于 30°的夹角。

6. 芯片外观

1）不能因为焊接而造成芯片的开裂、伤痕和铜线短路。

2）芯片表面不能因为焊接而造成的金属熔渣、断丝和其他不能排除的污染物。

3）芯片压点不能缺焊丝、重焊或未按照打线图的规定造成错误焊接。

7. 其他

支架不能有明显的变形，管脚、基底镀层表面应该细密光滑，色泽均匀呈白色，不允许有玷污、水渍、异物、发花、起皮、起泡等缺陷。

焊线操作完成后，要求在显微镜下进行检查及拉力测试等，检测合格后才可进入下一站点胶工序。

三、焊线中的常见问题与解决方法

1. 虚焊

查看时间（Time）、功率（Power）、压力（Force）是否设定正确，预备功率是否过低，搜索压力是否过小或两个焊点是否压紧等。解决方法：将时间、功率、压力参数调节合适。

1）Time（时间）：一般在 8～15ms 之间。

2）Power（功率）：第一焊点一般在 45～75W 之间；第二焊点一般在 120～220W 之间。

3）Force（压力）：第一焊点一般在 45～65N 之间；第二焊点一般在 120～220N 之间。

2. 焊线弧度过高

解决方法：清洗瓷嘴并扭紧线夹。

3. 断线

解决方法：调整自动焊线机工作稳定。

4. 模式识别认不到

解决方法：找相似度，重新对点。

5. 焊不上线

解决方法：清洗线夹、更换瓷嘴，或更变焊线参数，直至更换金线。

6. 尾线过长

解决方法：用镊子夹掉线尾并刮掉金球再单步焊接。

7. 拉力不足

解决方法：调整拱丝参数，减小一焊、二焊参数，清洗送线系统。

8. 塌线

解决方法：调整焊线弧度参数标准。

9. 掉电极

解决方法：降低温度和功率参数，或芯片有问题及时反馈给供货商。

10. 焊球过大

解决方法：调整自动焊线机的功率、压力参数。

11. 焊球变形

第二焊点是否焊上或焊接功率是否设置过大，烧球时间或线尾是否设置过长，支架是否压紧或瓷嘴是否过旧。

12. 错焊、位置不当

焊接程序和模式识别是否有做好，焊点同步是否设定正确，搜寻范围是否设置太大等。

13. 球颈撕裂

检查功率压力是否设置过大，支架是否压紧。或者适当减小接触功率，检查瓷嘴是否破裂或用得太久。

14. 拉力不足

焊点功率、压力是否设得太大，支架有否压紧，瓷嘴是否已超量使用而过旧（瓷嘴目标产能双线 800K/支）。

任务评价

通过自评、互评、教师评相结合等方式,检查焊线是否符合要求,可以安排一次中期考试,就封装前工序设计一份考题。

焊线工艺过程评价表

项目名称	评价内容	分值	评价分数		
			学生自评	小组互评	教师评价
1. 编程,重新建立新的程序(15分)	设置正确的参考点(对点)	2分			
	编辑图像黑白对比度(做模式识别)	3分			
	焊线设定(编写焊线程序)	2分			
	设定跳过的点	2分			
	做瓷嘴高度测量(测量高度)及校准可接受容限(即容差值)	3分			
	一焊点脱焊侦测功能开关设定是否正确	3分			
2. 校准模式识别,重新校正图像对比度(9分)	焊点校正(对点)	3分			
	模式识别光校正(做光)	3分			
	焊线顺序和焊位校正	3分			
3. 调机(18分)	调用程序	3分			
	测量焊接高度(进行瓷嘴高度测量)	3分			
	焊接参数和线弧的设定	3分			
	轨道高度调整	3分			
	支架走位调整	3分			
	模式识别编辑(进行模式识别)	3分			
4. 焊线流程(40分)	依《焊线机操作指导书》开启自动焊线机,保养设备,并记录《备保养卡(焊线机)》;设定自动焊线机焊线温度:100~180℃	3分			
	核对生产任务单和转料过来的支架	2分			
	核对生产流程单和材料数量,检查支架放置方向	2分			
	选取流程单、图样、金线、治具	2分			
	自动焊线机轨道和焊线机头清洁	3分			
	依次打开焊线机电源、气源,进入自动焊线机主界面	2分			
	检查待焊线材料和流程单是否相符,材料方向是否一致	2分			
	将料盒放入进料架	2分			
	将空料盒放入到出料架上	2分			
	安装金线,装对线盒方向	3分			
	将金线穿过线阀至劈刀处	3分			
	确认金线安装正确	2分			

（续）

焊线工艺过程评价表

项目名称	评价内容	分值	评价分数		
			学生自评	小组互评	教师评价
4. 焊线流程（40分）	设置并保持出料盒挡板关闭	2分			
	料盒编辑和支架成列编辑	2分			
	进入主菜单"PRAGRAM"选择"编辑焊线程序"中的"编辑主焊线程序"	3分			
	检查模式识别是否可以做到防反功能	2分			
	自动焊线作业	3分			
5. 焊线检验（18分）	自检、目视检查	3分			
	核对焊线数量并附生产流程单放在质程检验员待检区	2分			
	根据生产任务单上金线型号选择相应金线或合金线	2分			
	移动载片台，在显微镜下做首件检验，自检合格后，由质程检验员确认合格后才可开始作业	2分			
	机器故障或换批次作业后，重新制作首件按首件执行材料检验，首件记录《首件检验单》	2分			
	焊线产品检验参照《焊线检验规范》进行，材料放置时不可有堆叠	2分			
	焊接线进料检验主要是金线外观，外观要求金线干净无尘和整洁	2分			
	拉力测试对进料卷数抽取30%进行拉力测试，取每卷的5~10cm进行拉力测试，测试结果是否合格	3分			
总分		100分			
总评	自评（20%）+互评（20%）+师评（60%）=	综合等级		教师（签名）：	

思 考 题

（一）填空题

1. 无论是直插式还是贴片式的灯珠，在固晶之前都需要进行_____工艺环节，又称扩晶。

2. LED 封装生产工艺流程的五大步骤：固晶、_____、_____、检验、_____。

3. LED 封装中的前工序岗位是指_____和_____两个岗位。

4. LED 封装包括_____、_____、_____、_____四个工序环节。

5. LED 支架的作用，用来_____和_____；LED 支架的类型有_____、_____、_____等。

6. 固晶银胶的作用：_____；银胶的主要成分：_____占 75%～80%、_____占 10%～15%、添加剂占 5%～10%。

7. 固晶调试主要包括机器调整、_____和单号、机种填写与芯片单号标识。

8. 固晶调试中的机器调整主要是核对_____和_____是否合适。

9. 调好机器顶针、吸嘴等的位置后，新的一批产品在进行固晶之前，还需要进行_____，也称作_____。

10. 固晶调试之后，量产运作之前需要进行的一个环节是固晶_____，主要是核对芯片型号，以及检验晶片所固晶的_____以及_____是否合适。

（二）简答题

1. 直插式 LED 封装中的固晶环节，具体包括哪些工序？

2. 固晶之前进行的扩晶工序，其意义是什么？

3. 贴片式固晶排支架步骤具体要做哪些工作？

4. 什么是固晶调试中的三点一线调节？

5. 固晶过程中机器的点胶臂和固晶臂循环往复地分别做了哪些动作？

6. 在自动焊线机做模式识别，有哪些要点？

7. 焊线合格的具体要求有哪些？

8. 更换瓷嘴应做的事项有哪些？

9. 请正确回答焊线首件的内容与先后顺序，并写出首件的目的？

10. 焊线时模式识别设定方法有哪些？

11. 焊线四大基本要素控制不良会导致什么样的后果？

12. 查找并对比两种现在市场上常见的自动焊线机，其各自的优缺点是什么？

13. 进行课外调查，了解先进的自动焊线机的具体维护流程，以及编程管理等问题。

项目四 封装后工序 **4**

项目导入

随着经济的发展，我国LED封装产业越趋成熟，规模不断扩大，形成了完整的LED封装产业链，主要分布在珠三角和长三角地区，现已发展成为全球最大的LED封装生产基地。

LED封装生产主要分为固晶、焊线、封胶、分光与包装等生产环节，其中封胶、分光与包装岗位被称为LED封装后工序。白光LED点粉工艺与封胶作业相似，有时候将荧光粉混入胶水，一次完成点粉、点胶，也习惯地将白光LED点粉工艺归入LED封装后工序。

将配好的封装胶水灌注在焊线好的灯珠上，待胶水凝固后即可保护焊点等内部结构，形成优化的光学通道。一些大功率型或特殊作用的灯珠，焊线后会盖透镜，透镜上会留有注胶孔，胶水注入透镜内使LED灯珠最终成形。作为通用照明灯具中的白光LED灯珠，普遍采用高能色光（如蓝色光）激发其互补色（黄色）荧光粉而得到白光，还必须经过添加荧光粉的环节，将适量的黄色荧光粉通过配粉环节混溶于硅胶中，并将硅胶覆盖于蓝光芯片之上，这就是点粉环节。点粉后的灯珠在实际应用环境中，能够抵抗各种外界力量的冲击而保持其结构和功能的稳定性。

分光属于成品检测的范畴，但由于分光是LED产品特性参数检测和区分的重要环节，操作自动分光机也是LED封装生产线上的重要岗位，而且对应不同类型的LED产品，分光过程以及分光后的包装也有着较大的差异，因此，通常仍然将分光界定为LED封装中一个重要的生产线操作岗位。

类似功率型LED封装生产线的做法，表面组装贴片式封装的分光与包装岗位群也可包括拨料（切脚）、分光分色、包装（或编带）三个工序。

任务一　配　胶

学习目标

1. 认识封装胶的主要作用，考量影响产品的封装胶有哪些性质。
2. 了解有机硅胶和环氧树脂胶的优缺点。
3. 理解选择有机硅胶技术参数的依据、有机硅胶不同组分的用处。
4. 理解配胶中扩散剂、增强剂与色料等的功用。
5. 掌握配胶顺序、步骤、注意事项，学会使用配胶器皿，练习配胶工艺。

相关知识

一、认识封装胶

LED 封装中采用的胶水一般为有机硅胶或环氧树脂胶，比较而言，有机硅胶的性能略胜一筹，考量有机硅胶、环氧树脂胶的主要特性是黏度、折射率、透光性等。根据 LED 发光原理，在内量子效率达到一定水平时，提高器件的外量子效率就成为提高器件整体光效的一个重要方法。密封材料主要保护 LED 芯片不受外界氧气、水以及外力破坏的影响；降低 LED 芯片与外界空气折射率的差距梯度，以增大出光效率，影响 LED 光学分布。

环氧树脂胶作为低功率 LED 的封装材料，具有优良的电绝缘性、介电性能、机械性能、透明性好、与基材的粘结力强、配方灵活等特点。但是在功率型 LED 封装上，环氧树脂胶很容易产生黄变现象，在吸收紫外线或受热时很容易被氧化产生羰基使树脂变色，进而导致环氧树脂胶在近紫外波长范围内的透光率下降，影响出光效率。可采用树脂改性来改善不足，如引入硫元素来提高折射率，添加紫外光吸收剂来提高抗紫外、抗老化能力，加入无机粒子来提高耐热性。

作为贴片式 LED 电子封装的主要材料，环氧树脂模塑料（Epoxy Molding Compound，EMC）近年取得了快速发展。EMC 的主要成分有环氧树脂基体、固化剂、固化促进剂及功能性助剂。4 种组分中，固化剂起交联的作用，只有在固化剂存在的条件下，环氧树脂才能打开环氧基形成稳定的三维网状结构。为了降低固化反应温度、缩短固化反应时间，需要在 EMC 中加入固化促进剂，固化促进剂主要有胺类、咪唑类、膦类。由于各自分子结构及催化活性的差异，不同种类的固化促进剂对 EMC 固化的促进效果、封装工艺和固化后的性能具有不同的影响。

有机硅胶起到的主要作用是保护芯片和金线。在大功率 LED 封装中，环氧树脂胶受热黄变而影响出光率，大于 0.5W 的大功率 LED 已基本不再使用环氧树脂胶封装，而普遍采用有机硅胶封装。硅胶在大功率 LED 封装中得到广泛应用。

有机硅胶材料正逐步取代环氧树脂胶材料，成为 LED 封装密封的主流材料，以期提升发光效率，进一步提高 LED 寿命。有机硅胶抗紫外线能力强，具有良好的机械性能，具备高透光性、低吸湿性和绝缘性。粘结材料的导热系数较小，也会对器件的散热性能产生较大影响。

利用荧光粉产生白光时，有机硅胶同时是荧光粉的载体，荧光粉与有机硅胶的互溶性一般，决定了荧光粉有一定的使用时间，此时荧光粉混合液是一个悬浮液的状态。

二、硅胶组分

选择封装用硅胶需要考虑的因素主要是折射率稳定，如果获得的折射率越高越好，还需考虑不同波长下的透光率（主要是出光波长），其他如介电率、膨胀系数、工作温度、应力保护能力、温度适应范围、黏度及荧光粉的配合性能、可操作性能也需考虑。以下是封装胶使用的一些典型数据。

1）混合比例：A:B = 1:1（质量比）。

2）混合黏度：25℃时为 650 ~ 900cps。

3）凝胶时间：150℃时为 85 ~ 105s。

4）可使用时间：25℃下 4h。

5）固化条件：初期固化在 120～125℃温度下历时 35～45min；后期固化在 120℃温度下历时 6～8h 或在 130℃温度下历时 6h。

LED 封装中采用的有机硅胶一般由两种组分构成，分别称为 A 胶和 B 胶，实物如图 4-1 所示，A 胶为主胶，B 胶为固化剂，使用时将两者按一定比例（通常为 1:1）混合即可得到 LED 封装所用的胶水。其主要特性如下。

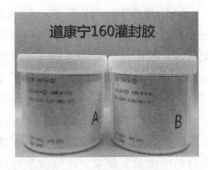

图 4-1 A 胶和 B 胶实物

1）混合后黏度低，脱泡性好，颜色有透明、黑色、白色以及彩色等，一般根据需要采用，通常采用透明的胶水。

2）常温下使用期长，比如 2～3h；中温固化速度快；能承受温度变动及挠曲撕剥应力，无腐蚀性。

3）固化后机械性能和电性能优良、收缩率小、固化物透光性好。

在焊锡回流温度时，硅酮封胶优异的稳定性适合 LED 无铅制程应用，且能吸收封装高温循环引起的内部应力，更好地保护晶圆和焊线。

道康宁、信越、东芝等公司的产品较有市场影响力，国内硅胶生产厂商的产品也能较好符合大功率 LED 的封装要求。表 4-1～表 4-5 是可选择的道康宁 LED 硅酮灌封胶产品介绍，涉及黏度、纯度、耐湿气、高温稳定性及光透射比等参考性质。道康宁 LED 用封装材料分为标准折射率和高折射率两种型号，每种型号都有多种硬度的产品（应力吸收能力优良的凝胶，具备柔软性的弹性体、硬树脂）。

表 4-1 道康宁 OE6351 LED 硅胶

产品分类	大功率 LED 灌注模条胶水
产品简介	为标准折射率的高硬度型号产品（折射率为 1.4～1.45，硬度为 Shore A50）。硬度随环境温度变化较小，在较大波长区域具有优良的透射性。而且硬度大于以往的低、中硬度弹性体，不易发黏。因此有望在 LED 封装的组装工艺中防止封装相互粘连、粘结污物
	高折射率型号封装材料具有较高的光导出效率，但耐热性方面存在问题。汽车、家电中应用的 LED 芯片其周围环境温度偏高，需要采用耐热性优良的标准折射率型号。加热 800h 后的光透射率基本没有变化，显示出较高的长期稳定性

表 4-2 道康宁 OE6250 LED 硅胶

产品分类	大功率 LED 灌注透镜胶水
产品简介	折射率 1.41，凝胶，适用于混加荧光粉、灌注透镜做封装

表 4-3 道康宁 JCR6175 LED 硅胶

产品分类	大功率 LED 混加荧光粉胶水
产品简介	高折射率，折射率 1.54，双组分弹性体，混合比例 1:1；适合 LED 封装

表 4-4 道康宁 OE6550 LED 硅胶

产品分类	大功率 LED 混加荧光粉胶水
产品简介	折射率 1.54，高硬度弹性体。双组分弹性体，混合比例 1:1。中等黏度，高折射率。适合 LED 封装

表 4-5 道康宁 EG6301 LED 硅胶

产品分类	贴片式 SMD 封装胶水
产品简介	折射率为 1.41；双组分弹性体，混合比例 1:1；加热固化；高透明度，长操作时间

任务细分

LED 封装胶在设计选型时需要注意一些问题。比如，从工艺的角度要考虑胶水和该批次的 LED 产品在混合后的黏度、固化后的硬度、混合后的操作时间、固化条件以及粘结力等方面是否匹配。从功能的角度要考虑折射率、透光率、耐热性能、抗黄变性能等方面的问题。

LED 封装胶在使用的时候也需要注意一些问题。比如，注意封胶的产品表面需要保持干燥、清洁；按配比取量，且称量准确，切记配比是重量比而非体积比；A、B 胶混合后需充分搅拌均匀，以避免固化不完全；搅拌均匀后请及时进行封胶，并尽量在可使用时间内使用完已混合的胶液；有些 A、B 胶可搭配扩散剂和色剂使用，添加剂用量一般为2% ~6%。

LED 封装中封胶的工序和具体工艺步骤因 LED 的类型（封装形式）不同有一定区别，接下来以工序较为完整的表面组装贴片式功率白光 LED 的封胶为例，说明 LED 封装中封胶岗位群的主要工作步骤和相关知识。

功率白光 LED 封胶岗位群包括配胶、点粉、补粉（补粉后需烘烤）、盖透镜及压边、点胶（灌注胶后需短烤和长烤）等 5 个工序的不同岗位，如图 4-2 所示。显然，配胶是材料制备的基础，需要对材料性质有良好的认知。

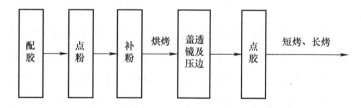

图 4-2 功率白光 LED 封胶岗位群工序流程图

任务准备

清点电子秤、真空搅拌机和烤箱，对应记录《设备保养卡（真空搅拌机、烤箱）》。

配胶前先看清楚生产单上的要求，特别是，是否要加色素、增强剂或扩散剂，按对应《量产规格书》准备所需的 A 胶、B 胶、亚光粉、扩散剂。配胶人员必须认清 A、B 胶的规格型号，填写《配胶记录表》。

检查电子秤的水平标示，电子秤每次使用前必须调零，确认水平气泡在正中间原点的位置。

注意：①配胶时不可抖动或移动桌子，以免产生误差；

②将 A、B 胶的胶盖打开后向电子秤上的配胶杯缓慢地倒入。

任务实施

配胶岗位包括两种类型的工作：一是对白光 LED 产品，称量和配比各种物料比例合适的荧光胶，以使 LED 产品能按照设计的要求产生所需光度和色度特性的白光；二是配比用于色光及白光 LED 封胶的硅胶。因为配硅胶的操作步骤完全包含于配荧光胶步骤中，以下主要说明配荧光胶的过程，配荧光胶的过程包括配比单识读、物料称量、搅拌和抽真空等环节，具体步骤如下。

一、配比单识读

配比单是 LED 配胶工序中指定各种物料比例的生产指令单，识读配比单是配胶岗位的基本要求，图 4-3 是某 LED 封装企业的大功率 LED 配胶物料配比单。

交办对象：　点胶　　　　　　　　　　　　负责人：×××

交办日期：　　　　　　　　　　　　　　　需完成时间：2024.××.××

交办内容：

任务单号	实验配比	实际数据	实验数量
20240329	GX-BW3D1hZ2N0D	AP-G2555<A:B>：YAG-04:05742:HM-KS02:防沉淀粉	
		(5:5)：(0.75)：(0.26)：(0.2)：(0.1)	
确认色温：		用3000K档测试350MA点亮	
X：		X: 0.442~0.445	
Y：		WD: 455~457.49	

审核：　　　　　　　　　批准：　　　　　　　　　交办人：

图 4-3　某企业大功率 LED 配胶物料配比单

配胶工序中一共用到六种物料，分别为硅胶中的 A 胶、B 胶、黄色的荧光粉、红色荧光粉、扩散粉以及防沉淀粉。其中硅胶（AP－G2555＜A:B＞）作为载体，黄色荧光粉（YAG－04）是产生白光补光的主要成分，红色荧光粉（05742）的作用是产生较低的色温。由于荧光粉是小颗粒，在胶水中会沉淀或者分布不均匀，点胶后会影响 LED 的光斑等，防沉淀粉就是专门防沉淀的，或加一定比例扩散粉，扩散粉（HM－KS02）加在胶水中，可起到光学扩散即增加漫反射的效果，但加多了会影响亮度。

二、物料称量

将配胶杯置于电子秤上，依次按原料配比单的指定质量，称出荧光粉、扩散粉（防沉淀粉）、A 胶、B 胶。电子秤的使用，注意运用"去皮"这一功能，即令当前的测量质量显示值为零的功能，这样可以避免对各物料的指定质量作加法这一不必要的步骤，如图 4-4 所示。

将电子秤侧面打开，把胶杯放于电子秤中央，按下"去皮"归零（见图 4-5）。

然后将 A 胶倒入胶杯，记录质量，按下"去皮"归零（见图 4-6）。

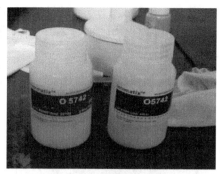

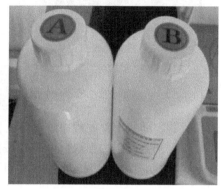

图 4-4　配胶子工序之电子秤称量物料

再将预 B 胶倒入胶杯，记录质量，按下"去皮"归零（见图 4-6）。

然后再将荧光粉倒入胶杯，记录质量，按下"去皮"归零（见图 4-6）。

最后再加入扩散粉倒入配胶杯中，并记录质量。

注意：记录表单为《配胶记录表》。

图 4-5　电子秤　　　　　　　　　　图 4-6　电子秤按键（如，去皮）

三、配胶顺序

A、B 胶倒入的比例、倒入顺序必须准确，配胶时按同一方向搅拌均匀。配胶比例参照对应《量产规格书》，未有特别说明，A、B 胶按 1∶1 比例配制，特殊情况除外。

A 胶→B 胶→亚光粉→扩散剂

四、搅拌

用搅拌棒将所配物料搅拌均匀，搅拌时间 5～6min。也可采用自动搅拌机搅拌，自动搅拌机结构如图4-7和图4-9所示。搅拌脱泡工艺如下。

1）将装有配好胶水的胶杯放入自动搅拌机对应位置。

图4-7　自动搅拌机（一）

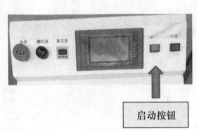

图4-8　自动搅拌机按钮

2）选取机器内部所设置的程序进行作业。

3）然后将盖子盖好，按下绿色"启动按钮"进行启动（如图4-8所示）。

4）待听到"嘀嘀"的报警声时，说明已经抽真空完成，打开盖子，取出胶杯，然后再将盖子盖上。

5）胶水从完成真空脱泡到用完，时间不能超过1h。

五、抽真空

将搅拌后的配胶杯放入真空机中，抽去胶水中因搅拌而形成的气泡（很细微、肉眼不可见）。抽真空的过程中，在操作时要注意通过手动控制真空机进气阀门的开关时开时合，以逐渐减小真空机内的压强，需保持一段时间使胶水的真空状态稳定下来，以免将真空机内迅速抽成真空，从而造成胶水泡发溢出的工伤事故，如图4-10所示。

图4-9　自动搅拌机（二）

图4-10　真空机

真空机内抽成真空后，将胶放入加温的真空机内，抽气脱泡干净后方可取出使用。白光LED的荧光胶保持8min左右，灌注胶的胶水保持15min左右。

抽真空之后配胶环节结束。配好的荧光胶可用于下一工序：点（荧光）粉或点胶。

六、结束配胶

作业完毕用丙酮把配胶杯清洗干净，并做好配胶房"5S"的企业安全生产要求。

注意事项：① 每次配胶用量应依据生产线材料数量而定，避免浪费。

② 配胶过程出现异常，如脱泡异常、胶色不合等，应立刻停止配胶工作，并通知有关人员处理，确认没问题后才可以恢复工作。

③ 配胶杯和搅拌棒每次使用前和使用后，应立刻使用丙酮进行清洗并用无尘布擦拭干净。

任务评价

通过自评、互评、教师评相结合等方式，依据配胶实训报告、评判配胶工序完成情况，检测胶水是否达到标准。

配胶工艺过程评价表

项目名称	评价内容	分值	评价分数		
			学生自评	小组互评	教师评价
1. 任务准备（30分）	清点电子秤、真空搅拌机和烤箱，对应记录《设备保养卡（真空搅拌机、烤箱）》	6分			
	配胶前先看清楚生产单上的要求，特别是，是否要加色素、增强剂、扩散剂，按对应《量产规格书》准备所需的A胶、B胶、亚光粉、扩散剂	6分			
	配胶人员必须认清A、B胶的规格型号；填写《配胶记录表》	6分			
	检查电子秤的水平标示，电子秤每次使用前需调零，确认水平气泡在正中间原点的位置	6分			
	将A、B胶盖打开后，向电子秤上的配胶杯缓慢地倒入	6分			
2. 检验内容（40分）	识读配比单：识读配比单是配胶岗位的基本知识要求	6分			
	物料称量：将配胶杯置于电子秤上，依次按原料配比单的指定质量，称出荧光粉、防沉淀粉、A胶、B胶	8分			
	电子秤的使用注意运用"去皮"这一功能，记录《配胶记录表》	4分			
	配胶顺序：A、B胶倒入的比例、倒入顺序必须准确，调胶时按同一方向调，搅拌均匀。配胶比例参照对应《量产规格书》	4分			
	搅拌：用搅拌棒将所配物料搅拌均匀，搅拌时间5~6min	6分			
	或使用自动搅拌机（见说明书操作）	—			
	抽真空：抽真空的过程中，在操作时要注意通过手动控制真空机进气阀门的开关时开时合，以逐渐减小真空机内的压强，需保持一段时间使胶水的真空状态稳定下来，以免将真空机内迅速抽成真空，从而造成胶水泡发溢出的工伤事故	6分			
	真空机内抽成真空后，将胶放入加温的真空机内，抽气脱泡干净后，方可取出使用。白光LED的荧光胶保持8min左右，灌注胶的胶水保持15min左右	6分			

（续）

配胶工艺过程评价表

项目名称	评价内容	分值	评价分数		
			学生自评	小组互评	教师评价
3. 实操注意事宜（30 分）	A、B 胶混合后即慢慢起化学反应，造成黏度变高，因此须在规定的时间内用完，以免因黏度过高无法灌注或产生气泡	3 分			
	每次配胶用量应依据生产线材料数量而定，避免浪费	3 分			
	配好的胶水暂时不用或倒入胶桶有剩余，要用塑料瓶或者塑料袋封紧，切记不可用玻璃瓶来装配好的胶水，以免由于胶硬化过程中的体积膨胀而发生炸裂事故	3 分			
	配胶过程出现异常，如脱泡异常、胶色不合等，请停止配胶工作，并通知有关人员处理，确认合格后再恢复工作	3 分			
	灌注后需立即进烤箱，以免表面吸附水分造成产品不良	3 分			
	胶水不小心沾到皮肤上，要用肥皂水清洗，沾到眼睛要以大量清水冲洗并请医生治疗	3 分			
	做完实验后，有剩余的胶必须倒掉，并把容器清洗干净，不可留有剩余胶在容器中，避免胶固化后无法清洗	3 分			
	配胶杯和搅拌棒每次使用前和使用后，立刻使用丙酮进行清洗并用无尘布擦拭干净	3 分			
	作业完毕用丙酮把配胶杯清洗干净，并做好配胶房"5S"的企业安全生产要求	3 分			
	为防止堵塞下水管，需要清除掉的胶水，应倒入准备好的垃圾袋中，做完实验后带走	3 分			
总分			100 分		
总评	自评（20%）+ 互评（20%）+ 师评（60%）=	综合等级		教师（签名）：	

能力拓展

20 世纪 90 年代中期，日本日亚化学公司的中村修二等人经过不懈努力，突破了制造蓝光发光二极管（LED）的关键技术，并由此开发出以荧光材料覆盖蓝光 LED 产生白光光源的技术，开创了半导体照明的新纪元。

1. 白光 LED 的荧光粉实现方法

目前所采用的方法是，在蓝色 LED 芯片上涂覆能被蓝光激发的黄色荧光粉（YAG），芯片发出的蓝光与荧光粉发出的黄光互补形成白光。该技术被日本日亚化学公司垄断，而且这种方案的一个原理性的缺点就是该荧光体中 Ce^{3+} 离子的发射光谱不具有连续光谱特性，显色性较差，难以满足低色温照明的要求，同时发光效率还不够高，需要通过开发新型的高效荧光粉来改善。

2. 白光 LED 荧光粉的特性

LED 用荧光粉的重要特性需求包含：适当的激发光谱、适当的放射光谱、高能量转换效率、高稳定性等。其中前两项最重要。

（1）激发（Excitation）特性

荧光材料在白光 LED 的应用当中，激发波段与发光颜色的匹配，是最重要的先决条件。目前应用荧光材料所制作的白光 LED，激发 LED 的放射波长多属于近紫外光或紫、蓝光范围，故荧光材料适用的波长在 350~470nm 的波段范围内。

（2）发光（Emission）特性

荧光材料的发光特性可以以其发光光谱来判断，其亦可利用荧光光谱仪测量获得。除此之外，发光特性亦可应用色度坐标分析仪所测量的色度坐标值，进行辅助判断，这样更能完整了解荧光材料的发光特性。

任务二　点　　胶

学习目标

1. 了解点胶机的组成，各个功能部件的功能。
2. 掌握调试点胶机程序，能合理规划喷头的喷涂路径。
3. 学会点胶作业、作业过程的关注要点、注意事项。
4. 理解首件确认、点胶头清洗、量产测试的重要性。

相关知识

一、点胶机的组成

点胶机（注胶机）负责 LED 生产的关键后工序注胶（Molding）、点胶、点粉，机器要处于全密封、高洁净环境下。硬件设备的上半部分为主要动作区，属于系统操作流程中的主要功能区，包括混合循环模块、荧光粉胶喷涂模块、机器视觉模块、进料模块、测厚模块，如图 4-11 所示。

其中上半部分最长的横轴带动进料模块的传送带，与之平行的运动轴为喷涂模块的三方向运动轴，X 方向运动轴带动 Y 方向运动轴，Y 方向运动轴带动 Z 方向运动轴和测厚模块，Z 方向运动轴带动支架，支架上固定喷涂模块的喷头、机器视觉模块和混合循环模块。测厚模块只能在 X、Y 方向上运动，其方向、高度位置可小范围变化。有些高精度喷头则是可以在 U、V、W 三个方向运动。控制胶体注入过程的精度，直接影响到 LED

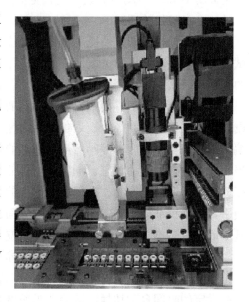

图 4-11　点胶机

灯的发光质量，控制过程可以抽象为三轴精密运动控制，而运动路径则可以通过设计文件设定。

硬件设备的下半部分为箱体，箱体内有工控机、控制卡、伺服电动机驱动、继电器、气阀等。这些驱动控制设备不需要经常操作，放在设备的下半部分箱体中。

系统中有多个重要的特征位置点，为确定整个加工平面在世界坐标系中的位置，通过鼠标的操作与实际工作区 LED 支架对准，给操作人员提供直观的实物和模型比照，工作区矩形框的左下角在机械臂回零点以后的中心位置，再通过将点胶针移动到特定的位置，并用固定摄像机对其拍摄和识别，经过换算将这个特定的位置设置为整个加工平面世界坐标系的原点。只有正确对相关模块特征点的位置进行系统标定，才能建立一个完整、准确的坐标系统，从而保证系统的精度。

在实际的机械生产线中，适合安装摄像头的位置不多，空间通常比较狭小，且长距离的并行数据连线容易出现数据错误，因此将图像采集单元与处理单元分离，做成摄像头的形式，提高系统的适用性。该系统独立设计 CMOS 数字式摄像头，传感器的并行数据和同步信号经过 LVDS 串行器打包后，利用 LVDS 高速串行差分连线传输到处理主机的 LVDS 串行解串器，并分离出行同步、帧同步、像素同步以及像素数据，与处理器的 PPI 接口连接完成图像采集功能。处理器使用通用 IO 接口模拟 I^2C 总线对传感器进行设置，并实时读出传感器的工作状态。该系统集成光源控制和驱动功能，传感器通过 FLASH 信号控制光源驱动电路进行同步闪光。光源配合合理，拍摄图像清晰且无明显的动态模糊和变形现象。

实验中设定 LED 固定架上部分区域作为定位基准，并选取相对定位基准的注胶孔位置。选取定位基准的匹配范围，对每个 LED 框架执行模板匹配算法，以实现注胶孔位的精确定位。实验中设备的处理器工作在 600MHz 频率下，图像分辨率为 640×480，实测检测速度稳定在 50 帧，处理器占用率不超过 40%，且处理时间在 5ms 内。实验结果证明，该系统完全满足大功率 LED 自动点胶设备的视觉应用要求。

二、点胶机的调试

自动点胶机的调试功能是在完成定位、校准代码后，最为主要的功能模块，其目的是测试各硬件模块功能正常，以保证后续工作进行。然后再对两部分进行调试，一是控制运动轴的运动，二是控制通用输出。

在接下来的调试界面中，除了基本的运动轴移动测试外，还要对运动轴移动的参数进行设定，如位置、速度等。规划位置、速度、加速度为我们设定的参数，其单位都为脉冲量。编码位置和实际速度为编码器反馈回来的数据，界面有各种状态的指示如报警、正负限位警报、停止输入、运动状态、伺服使能等信息。控制运动轴的移动主要是对各个运动轴进行速度或者点位运动的控制，根据功能定位的不同，其也分为两个：一个是控制三向运动轴，方便平常使用校准摄像头、喷头位置的界面；二是面向移动对象，信息前面已经提及，其代码基于底层工具类，显示坐标以 mm 为单位。

除了运动轴移动调试之外，调试功能还应该包括控制通用输出电平、显示通用输入电平，右侧还有物料循环搅拌模块的清洗功能。点击打开按钮后，循环搅拌模块的左右通气将按照设定的时间自动切换。因为要求精度和频率不高，所有调试功能的状态指示功能可以用定时器进行查询，定时器周期可设定在 50～100ms。

控制软件在刚开启时需要对 X、Y、Z 三方向运动轴及继电器、气缸等进行复位操作，三方向运动轴复位是基于底层的工具操作，继电器复位是基于底层的 DOCON 工具操作，当所有动作都发出复位成功的信号时，三方向运动轴的坐标系确认复位完成。复位未完成，除了物料混合循环可以打开之外，其余操作都不能进行。三方向运动轴复位开始后的所有信息将会在信息窗口中展示，复位成功，指示灯将变为绿色。

荧光粉胶喷头是设备系统的核心，喷头要能够在低进料气压、低流量的条件下将荧光粉胶体雾化并均匀地喷出，喷出的涂层效果要求均匀、一致性高。在喷涂前，根据机器视觉分类的结果或者手动选择的待涂覆模组类型参数，控制软件来规划喷头的喷涂路径。每一条路径都保存在一个结构体中，结构体内有各种路径的参数如起始点、速度等，也有一个转变函数将该结构体中的路径转换为控制卡中插补运动缓存区的指令。涂覆路径有以下几种。

1）直线型路径：直线型路径需要指明直线的起点和终点坐标，另外也可以指明喷头的高度即 Z 轴坐标，也可以指明在直线运动的路径上喷头是否要打开。

2）圆形路径：需要指明圆的起点坐标和圆心，以及圆的方向，同样也可以指明在路径上喷头是否喷涂。

3）圆弧路径：需要指明圆弧的起点和终点坐标，以及半径，如果半径填的负数，那么圆弧大于 180°，可以指明喷头是否喷涂。

4）延时：只需要指明延时的时间和喷头是否喷涂。

5）输出端口操作：需要指明输出端口和操作。

利用以上的路径，即可对待涂覆模组的喷涂路径进行规划，在界面上用户可以自己组合任意待涂覆模组的路径，对每一条路径进行修改、添加、删除等操作。针对每一种模组可以自定义不同的涂覆路径，左侧选项卡可以选择集成好的涂覆路径，其只需设置部分参数就可以规划完整的涂覆路径。

任务细分

以贴片式 LED 为例，说明点胶工序的主要操作步骤，如图 4-12 所示。点胶是在半自动的点胶机上进行的，压好边的支架，其透镜的底部有两个小孔，一个用于进胶，另一个用于

图 4-12　点胶设备（左：手动，右：自动）

出气。操作时，首先将点胶筒的气管接通点胶机主机，将点胶筒的胶筒插于进胶孔上，脚踏点胶机的气压开关即可启动点胶，待灌满透镜腔后，松开脚踏即可停止点胶，多余的胶水用抹布擦除。

手动操作熟练之后，可以启动点胶机的半自动模式，即设定点胶机的喷胶周期，令其周期性地喷胶，从而可以省去脚部的动作。

此外，也可采用自动点胶机进行自动点胶操作，每次可点注一个支架片，但自动点胶之后，需要安排质量检测人员进行质量检测，必要时手动进行补胶操作才能确保点胶合格。

点胶后的支架，需要进烤箱中分两个阶段进行烘烤。首先，在烘烤温度100℃下，进行时长60min的烘烤，称为"短烤"；其次，仍在烘烤温度100℃下，进行时长240min的烘烤，称为"长烤"；最后，长烤后的支架待其在停止烘烤的烤箱中温度自然回落到80℃以下就可取出，并进行下一工序的加工。

任务准备

点胶岗位的任务是将硅胶覆盖在焊线完成的LED灯珠半成品的芯片上，使之能够发出与设计的光学参数一致的白光。此工序使用到的机器设备、测试仪器及附件主要有自动点胶机、胶筒以及光色电参数测试仪（含计算机）等。自动点胶机如图4-13分立仪器型自动点胶机、图4-14整体机器型自动点胶机所示，自动点胶工序包括点胶程序设定、胶筒准备、单支架测试、量产测试和量产运作共五个步骤。

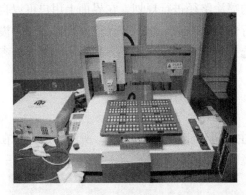 

图4-13　分立仪器型自动点胶机　　　　图4-14　整体机器型自动点胶机

1. 点胶程序设定

点胶程序设定类似于自动固晶或自动焊线中的程序设定即做模式识别（也包括三点一线对准）的过程，但由于机器的点胶动作相对固晶和焊线而言较为简单，点胶程序设定和固晶及焊线的程序设定相比也较为简单。

设定好程序和参数后，就可按步骤进行点胶操作了。以下以分立仪器型自动点胶机的自动点胶过程为例进行说明。

2. 胶筒准备

卸下自动点胶机上的胶筒，清洗干净，倒入上一工序配好的荧光胶，接上自动点胶机的气管，将出胶嘴处的空气排干净。

3. 单支架测试

根据生产任务单指定的波长即色温范围，设定好大致的通气时间（影响胶量的多少）。将自动点胶机设定成手动单步模式，每次对单个支架进行点胶，用光色电参数测试仪测试单个支架的光学特性，调整通气时间，直至在光色电参数测试仪上的光色电参数测试通过，确定初步的通气时间。

4. 量产测试

在自动点胶机上，对一片支架自动运作进行点胶操作测试。在点完该片支架后，需停下设备，并在光色电参数测试仪上对该片支架上的每一个支架进行光色电参数测试，如果大部分支架的胶量均合格，则说明生产测试成功，可进行量产运作。如接近一半支架的胶量不合格，则需调整通气时间再重新测试，直到大部分支架的胶量合格为止。

5. 量产运作

让自动点胶机进行量产运作，同时在适当的时候手工放入还没有点胶的支架，并取出点好胶的支架。每点完 4 片左右支架时，取出一片支架让补胶岗位人员马上实时测试整块支架中各支架胶量是否符合要求，必须保证大部分支架胶量符合要求，如接近一半支架胶量不符合，则需实时调整通气时间，使胶量达到生产标准要求。

需要注意的是，首件检验一般采用"三检制"的办法，即操作工人实行自检，班组长或质量员进行复检，检验员进行专检。首件检验后是否合格，最后应得到专职检验人员的认可，检验员对检验合格的首件产品，应打上规定的标记，并保持到本班或一批产品加工完为止。对大批量生产的产品而言，"首件"并不限于一件，而是要检验一定数量的样品。

任务实施

一、点胶作业

转料人员将已焊线材料从焊线站转出，按规定数量放入支架预热烤箱进行预热，每次预热可满足 4h 时间内点胶的材料，预热完成后立刻转到保温烤箱进行保温。做好记录，填写至《烤箱烘烤记录表》。

注：① 转料人员转料预热前必须确认所转材料已焊线且质检员已确认盖章。

② 每次预热材料使用时间不能超过 4h，若用不完须进行第二次预热。

把抽好真空的胶水顺着胶筒内壁缓慢倒入针筒中，在胶筒下方放一胶盘开始排胶，直到排出的胶水没有气泡；排胶过程中应检查胶头有无变形或各部分接口有无漏胶现象；从保温烤箱中取出一盒预热好的支架，抽取相应数量的支架按对应量产规格书放在点胶治具上并固定好，如图 4-15 所示。

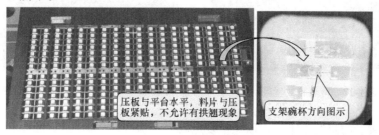

图 4-15 支架放置方向图示

注：① 点胶前必须先确认所取支架已焊线，流程单上前段工序都有质检员盖章确认才能点胶，如图 4-16 所示，若没有，则不能点胶作业。

② 从保温箱中取材料，每台点胶机一次只能取 2 盒，点完才能再取。点胶位置及点胶量参照对应《量产规格书》。

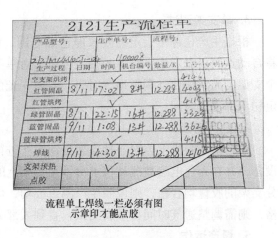

流程单上焊线一栏必须有图示章印才能点胶

图 4-16　流程单上前段工序质检员盖章

二、首件确认

1）取两片已焊线材料，按照对应《量产规格书》进行点胶作业。

2）将点好胶的材料进行确认，主要检查是否有：多胶、少胶、气泡、杂物、塌线、漏点胶、晶圆破损等不良现象，确认合格后，再送质检员进行确认，质检员确认合格后，方可正常生产。

注：点胶后胶水会略凸出碗杯，这是正常现象。

三、作业过程

点胶机作业过程中，作业人员需随时观察点胶情况，如发现胶头上粘胶，需要用无尘棉签蘸清洗剂（丙酮）从上向下擦拭胶头。

自主检查：点胶过程中作业人员需对每台点胶机以 1 片/1h 的频率进行自主检查，检查项目同首件，具体参照《贴片封胶检查标准》，记录《点胶、外观检查记录表》。

点胶过程中，若出现连续的不良产品，应立即停机，并通知领班或机修进行处理。

作业过程中，将待点胶的材料置于待点胶放置区，如图 4-17 所示，已点好胶的材料置于已点胶放置区，如图 4-18 所示，切不可混料。

图 4-17　待点胶放置区

图 4-18　已点胶放置区

作业人员要及时进行上下料，以免重复点胶。

下料时轻轻抓住支架边缘两侧放入料盒中，不能触碰到材料正面，若不慎触碰到，需手动补好胶并由质检员确认合格后方可进入下一工序。

自动点胶机点好胶的材料在料盒中每一层放一片，例如，每盒放20片。

点好胶的每盒材料，必须按要求填好相应的《生产流程单》才能进行短烤。

点好胶的支架需在30min内进行短烤。

四、点胶头清洗

正常作业时，每12h需对点胶头进行清洁。若点胶机停机时间超过2h，需要将点胶头进行清洁后，方可正常进行点胶作业。

1）从点胶机上取下胶筒，放入指定的超声波设备中用清洗剂（丙酮）浸泡清洗后，吹干待下次使用。

2）取下注胶泵并拆散各小零配件，放入指定的超声波中用清洗剂（丙酮）清洗（如图4-19所示）。

3）将点胶头放入指定的超声波中用清洗剂（丙酮）浸泡清洗，如图4-19所示。

图4-19　点胶头清洗处

图4-20　专用清洗剂

4）用无尘布蘸上酒精轻轻擦拭点胶机滑块部位，以防止有胶水干结后损坏滑块，或造成滑块运作不顺畅，不灵活。

注：① 清洗时一定要将点胶头、注胶泵及胶筒分开清洗，特别是点胶头，一定不能混洗。

② 清洗时使用丙酮清洗，如图4-20所示，丙酮包装桶不能使用酒精浸泡，但可以使用酒精过滤一下。

五、作业完毕

所有没用完的胶水、擦洗胶水的布块、擦拭机台的碎布、酒精都要回收到各自指定的桶中，整理各工位工作台面，做好"5S"。具体注意事项如下：

1）作业时应注意做好防静电措施。

2）点胶作业过程中必须严格保证胶水使用期限，各胶水使用期限依照《配胶作业指导书》。

3）支架从保温箱拿出后，必须在 1h 内完成点胶，若遇机器故障或更换胶水时，未点完的支架必须及时放回保温烤箱。

4）所有材料正常生产作业时都必须用自动点胶机点胶，不能手动点胶（补胶时可以手动）。

5）点胶温度控制在（25±5）℃，湿度控制在 30% RH～40% RH，若温、湿度超过允许范围，应立即停止生产并知会技术人员。

任务评价

跟进点胶作业，通过自评、互评、教师评相结合等方式，达到规范作业要求。

点胶工艺过程评价表

项目名称	评价内容	分值	评价分数		
			学生自评	小组互评	教师评价
1. 点胶前准备（15分）	转料人员将已焊线材料从焊线站转出，按规定数量放入支架预热烤箱进行预热，每次预热可满足 4h 时间内点胶的材料，预热好后立刻转到保温烤箱进行保温	2分			
	做好记录，填写《烤箱烘烤记录表》。转料人员转料预热前必须确认所转材料已焊线且质检员已确认盖章	3分			
	把抽好真空的胶水顺着胶筒内壁缓慢倒入胶筒中，在胶筒下方放一胶盘开始排胶，直到排出的胶水没有气泡	2分			
	排胶过程中应检查胶头有无变形或各部分接口有无漏胶现象	2分			
	从保温烤箱中取出一盒预热好的支架，抽取相应数量的支架按对应量产规格书放在点胶治具上并固定好	2分			
	点胶前必须先确认所取支架已焊线，流程单上前段工序都有质检员盖章确认才能点胶，若没有，不能点胶作业	2分			
	从保温箱中取材料时，每台点胶机一次只能取 2 盒，点完才能再取。点胶位置及点胶量参照对应《量产规格书》	2分			
2. 首件确认（9分）	取两片已焊线材料，按照对应《量产规格书》进行点胶作业	3分			
	将点好胶的材料进行确认、检查，主要检查是否有：多胶、少胶、气泡、杂物、塌线、漏点胶、晶圆破损等，确认材料合格	3分			
	质检员进行确认，质检员确认合格后，方可正常生产。注：点胶后胶水会略凸出碗杯	3分			
3. 点胶作业（35分）	点胶机作业过程中，作业人员需随时观察点胶情况，如发现胶头上粘胶，需要用无尘棉签蘸清洗剂（丙酮）从上向下擦拭胶头	4分			
	自主检查：点胶过程中作业人员需对每台点胶机以 1 片/1h 的频率进行自主检查，检查项目同首件，具体参照《贴片封胶检查标准》，记录《点胶、外观检查记录表》	5分			

（续）

点胶工艺过程评价表						
项目名称	评价内容	分值	评价分数			
			学生自评	小组互评	教师评价	
3. 点胶作业（35分）	点胶过程中，若出现连续的不良产品，应立即停机，并通知领班或机修进行处理	3分				
	作业过程中，将待点胶的材料置于待点胶放置区，已点好胶的材料置于已点胶放置区，切不可混料	5分				
	作业人员要及时进行上下料，以免重复点胶	3分				
	下料时轻轻抓住支架边缘两侧放入料盒中，不能触碰到材料正面，若不慎触碰到，需手动补好胶并由质检员确认合格后方可进入下一工序	4分				
	自动机点好胶的材料在料盒中每一层放一片，例如，每盒放20片	4分				
	点好胶的每盒材料必须按要求填好相应的《生产流程单》才能进行短烤	4分				
	点好胶的支架需在30min内进行短烤	3分				
4. 点胶头清洗（20分）	正常作业时，每12h需对点胶头进行清洁。注：若点胶机停机时间超过2h，需要将点胶头进行清洁后，方可正常进行点胶作业	3分				
	从点胶机上取下胶筒，放入指定的超声波设备中用清洗剂（丙酮）浸泡清洗后，吹干待下次使用	3分				
	取下注胶泵并拆散各小零配件，放入指定的超声波中用清洗剂（丙酮）清洗	3分				
	将点胶头放入指定的超声波中用清洗剂（丙酮）浸泡清洗	3分				
	用无尘布蘸上酒精轻轻擦拭点胶机滑块部位，以防止有胶水干结后损坏滑块，或造成滑块运作不顺畅，不灵活	3分				
	清洗时一定要将点胶头、注胶泵及胶筒分开清洗，特别是点胶头，一定不能混洗	3分				
	清洗时使用丙酮清洗，丙酮包装桶不能使用酒精浸泡，可以使用酒精过滤一下	2分				
5. 作业完检验（21分）	所有没用完的胶水、擦洗胶水的布块、擦拭机台的碎布、酒精都要回收到各自指定的桶中	3分				
	作业时应注意做好防静电措施	3分				
	点胶作业过程中必须严格保证胶水使用期限，各胶水使用期限依照《配胶作业指导书》	3分				
	支架从保温箱拿出后，必须在1h内完成点胶，若遇机器故障或更换胶水时，未点完的支架必须及时放回保温烤箱	3分				
	所有材料正常生产作业时都必须用自动点胶机点胶，不能手动点胶（补胶时可以手动）	3分				

（续）

点胶工艺过程评价表

项目名称	评价内容	分值	评价分数		
			学生自评	小组互评	教师评价
5. 作业完检验（21分）	点胶温度控制在（25±5）℃，湿度控制在30% RH～40% RH，若温、湿度超过允许范围，应立即停止生产并知会技术员	3分			
	整理各工位工作台面，做好"5S"	3分			
总分		100分			
总评	自评(20%) + 互评(20%) + 师评(60%) =	综合等级	教师（签名）：		

任务三 固 化

学习目标

1. 学会使用烤箱，注意烤箱使用注意事项，做好机器维护保养。
2. 掌握固晶后烘烤流程与工艺要求。
3. 掌握点胶后固化流程与工艺要求。
4. 掌握贴片分光后烘烤流程与工艺要求。

相关知识

1. 酒精擦拭时禁止开启烤箱，一定要待酒精完全挥发后再进行空箱烘烤。
2. 绝对不允许将蘸有酒精的抹布留在烤箱内进行烘烤，以免造成意外事故。
3. 如下班前烤箱内有烘烤材料或半成品，必须交接给下一班人员，确认合格后才可离开。
4. 烤箱如果连续4h不用，需关掉烤箱电源。
5. 取出烤箱内的材料时，必须戴上棉手套，防止烫伤。

任务准备 1（固晶后烘烤流程与工艺要求）

开启烤箱，保养设备，并记录《设备保养卡（烤箱）》。

烘烤温度及时间设定：固晶后 160℃/2h。

填写《烤箱烘烤记录表》。

任务实施1（固晶后烘烤流程与工艺要求）

当烤箱温度上升到指定温度（温度计实测数值）后，打开烤箱门，将已固晶的半成品放入烤箱中，摆放方式如图4-21所示，每层8盒、成2列、每列4盒，放好后关闭烤箱门，将进烤箱时间记录于《烤箱烘烤记录表》。

注：烘烤过程中绝不可打开烤箱门。

烤箱烘烤30min后应测量烤箱温度，并记录于《烤箱烘烤记录表》。

图4-21 已固晶的半成品放入烤箱

当烘烤时间完成后，关闭加热开关，如图4-22所示，打开烤箱门约1/4，待内部热气散出30min后拿出材料，放入周转车；然后将烘烤记录填写到《生产流程单》。

图4-22 烤箱面板

每次烘烤后的材料，需由质检员随机取5pcs材料进行固晶推力测试，晶圆推力规格参照《固晶检查标准》。

注：① 若晶圆推力判定不合格，本次烘烤的材料应立即隔离，并立即通知领班或工程技术人员处理。

② 质检员确认烘烤合格后，在流程单上盖章，然后转料进出烤箱操作人员才能将材料转出烤箱房。

③ 质检员未盖章的材料，不允许转出烤箱房。

④ 作业完毕，关掉烤箱加热开关。

每周应清洗保养一次烤箱，保养方式：用干净抹布蘸酒精擦拭烤箱内壁，敞开烤箱门10min左右，待酒精完全挥发，然后在（150±5）℃下空箱烘烤0.5～1h之后才能用于下一次烘烤作业。

任务准备2（点胶后固化流程与工艺要求）

开启烤箱，保养设备，并记录《设备保养卡（烤箱）》《烤箱烘烤记录表》。

固晶烘烤温度及时间设定：160℃/2h。

任务实施 2（点胶后固化流程与工艺要求）

当烤箱温度上升到指定温度（温度计实测数值）后，打开烤箱门，将已点胶的半成品放入烤箱中，摆放方式如图 4-23 所示，每层 12 盒、成 3 列、每列 4 盒，放好后关闭烤箱门，将进烤时间记录于《烤箱烘烤记录表》。烘烤过程中绝不可打开烤箱门。

图 4-23　摆放方式

烤箱烘烤 0.5h 后应测量烤箱温度，并记录于《烤箱烘烤记录表》。

当烘烤时间完成后，关闭加热开关，打开烤箱门约 1/4，待内部热气散出 30min 后拿出材料，放入周转车，如图 4-24 所示，然后将烘烤记录填写到《生产流程单》。

图 4-24　周转车

每次烘烤后的材料，需由质检员随机取 5pcs 材料进行固晶推力测试，晶圆推力规格参照《固晶检查标准》。

注：① 若晶圆推力判定不合格，整烤材料应立即隔离，并立即通知领班或工程技术人员处理。

② 质检员确认烘烤合格后，在流程单上盖章，然后转料进出烤箱操作人员才能将材料转出烤箱房。

③ 质检员未盖章的材料，不允许转出烤箱房。

④ 作业完毕，关掉烤箱加热开关，确认关闭烤箱门。

每周应清洗保养一次烤箱，保养方式：用干净抹布蘸酒精擦拭烤箱内壁，敞开烤箱门 10min 左右。待酒精完全挥发，然后在（150±5）℃下空箱烘烤 0.5~1h 之后才能用于下次烘烤作业。

任务准备 3（贴片分光后烘烤流程与工艺要求）

开启烤箱，保养设备，并记录《设备保养卡（烤箱）》《烤箱烘烤记录表》。

材料预热温度及时间设定：80℃/6h。

温度测量误差为 ±5℃，烘烤时间至少要达到 6h，允许超过 6h。

任务实施 3（贴片分光后烘烤流程与工艺要求）

把待烘烤材料按 BIN 号倒入不同的料盒中，每盒材料数量最多允许放 50K，然后将与材料相应的 BIN 标签卡片放入料盒。

图 4-25　按 BIN 号摆放入烤箱

烤箱温度上升到指定温度（温度计实测数值）后，打开烤箱门，将待烘烤的材料（即装料盒）放入烤箱中，放好后关闭烤箱门。烤箱每层最多可放 4 盒，成 2 列，每列 2 盒，如图 4-25 所示。

烤箱烘烤 30min 后，用温度计测量烤箱实际温度，记录于表 4-6《烤箱烘烤记录表》。

材料相应的烘烤时间到后，将材料取出，关闭烤箱门。

取出材料时必须小心轻放，以免混料，将材料弄散，并检查是否有材料粘在一起的情况，确认合格后放入干燥箱内的待编带放置区，拿出的材料应在 30min 内转入干燥箱存放，干燥箱湿度在 30% RH 以下。

烘烤后的材料需在 8h 内完成编带，否则需要重新进行烘烤。

表 4-6　烤箱烘烤记录表

烤箱烘烤记录表　　　　　　　　　　　　　　　　　版本：A0

日期	生产单号	产品型号	数量/K	烤箱设定温度/℃	测量时间	温度/℃						进烤时间	出烤时间	作业员签名	质检员确认
						1	2	3	4	5	6				

每周应清洗一次烤箱，清洗方式：用干净抹布蘸酒精擦拭烤箱内壁，敞开烤箱门 10min 左右，待酒精完全挥发，然后在（150±5）℃下空箱烘烤 0.5～1h，之后才能用于下一次烘烤作业。

任务评价

通过自评、互评、教师评相结合等方式，完成固晶后烘烤流程与工艺要求过程评价表、做好成绩评定。点胶后固化流程与工艺要求、贴片分光后烘烤流程与工艺要求的评价有一定相似性，可以参照实施。

固晶后烘烤流程与工艺要求过程评价表

项目名称	评价内容	分值	评价分数		
			学生自评	小组互评	教师评价
1. 任务准备（20分）	检查烤箱用电电路，箱门能自由开关，周围不能摆放杂物、原物料等	4分			
	开启烤箱，保养设备，并记录《设备保养卡（烤箱）》	4分			
	烘烤温度及时间设定，固晶后160℃/2h	4分			
	固晶后支架是否排放得当，不能混料	4分			
	填写表单《烤箱烘烤记录表》	4分			
2. 检验内容（50分）	当烤箱温度上升到指定温度（温度计实测数值）后，打开烤箱门，将已固晶的半成品放入烤箱中，摆放方式每层8盒、成2列、每列4盒	6分			
	放好后关闭烤箱门，烘烤过程中绝不可打开烤箱门；将进烤时间记录于《烤箱烘烤记录表》	6分			
	烤箱烘烤0.5h后应测量烤箱温度，并记录于《烤箱烘烤记录表》	6分			
	当烘烤时间完成后，关闭加热开关，打开烤箱门约1/4	6分			
	待内部热气散出30min后，拿出材料，放入周转车；然后将烘烤记录填写到《生产流程单》	4分			
	每次烘烤后的材料，需由质检员随机取5pcs材料进行固晶推力测试，晶圆推力规格参照《固晶检查标准》	6分			
	若晶圆推力判定不合格，本次烘烤的材料应立即隔离，并立即通知领班或工程技术人员处理；质检员确认烘烤合格后，在流程单上盖章，然后转料，转料进出烤箱操作人员才能将材料转出烤箱；质检员未盖章的材料，不允许转出烤箱	6分			
	目检、通电检固化后产品的质量，标注缺陷类型、数量，能分析出主要问题、提出解决方法	6分			
	作业完毕，关掉烤箱加热开关	4分			
3. 实操注意事项（30分）	酒精擦拭时禁止开启烤箱，一定要待酒精挥发完全后再进行空箱烘烤	5分			
	绝对不允许将蘸有酒精的抹布留在烤箱内进行烘烤，以免造成意外事故	3分			
	如下班前烤箱内有烘烤材料或半成品，必须交接给下一班人员，确认合格后才可离开	5分			

（续）

固晶后烘烤流程与工艺要求过程评价表

项目名称	评价内容	分值	评价分数		
			学生自评	小组互评	教师评价
3. 实操注意事项（30分）	烤箱如果连续4h不用，需关掉烤箱电源	3分			
	取出烤箱内的材料时，必须戴上棉手套，防止烫伤	5分			
	每周应清洗保养一次烤箱，保养方式：用干净抹布蘸酒精擦拭烤箱内壁，敞开烤箱门10min左右，待酒精完全挥发，然后在（150±5）℃下空箱烘烤0.5~1h，之后才能用于下一次烘烤作业	5分			
	对照烤箱使用注意事项，做好机器维护保养	4分			
总分		100分			
总评	自评（20%）+互评（20%）+师评（60%）=	综合等级	教师（签名）：		

任务四 分光分选

学习目标

1. 了解分光分色技术与分光依据。

2. 理解分选流程与工艺要求，能把握各个操作要点。

3. 了解拨料目标，学会利用半自动拨料机，学会将放入料条中的灯珠按极性排列。

4. 学会调试自动分光机、准确完成分光参数设定，学会机器保养。

5. 学会装待分光料条、校正作业、首件确认、分类封存等工序，会处理简单的问题，请维护技术人员协助时能表达清楚问题的来龙去脉。

相关知识

分光属于成品检测的范畴，但由于分光是LED产品特性参数检测和区分的重要环节，加上自动分光机（图4-26）的操作也是LED封装行业产线上的重要岗位，而且对应着不同类型的LED产品，分光过程以及分光后的包装也有着较大的差异，因此，通常仍然将分光界定为LED封装中一个重要的产线操作岗位。

在贴片式LED封装生产线中，分光与包装岗位群包括拨料、自动分光、包装三个工序。

工业界目前有七种常用有效的LED光源分光分色技术，介绍如下。

图4-26 自动分光机

1）光通量分档。光通量值是 LED 用户很关心的一个指标，LED 应用客户必须要知道自己所使用的 LED 光通量在哪个范围，这样才能保证自己产品亮度的均匀性和一致性。

2）反向漏电流测试。反向漏电流在载入一定的电压下要低于要求的值，生产过程中由于静电、芯片品质等因素引起 LED 反向漏电流过高，这会给 LED 应用产品埋下极大的隐患，在使用一段时间后很容易造成 LED 灯坏。

3）正向电压测试。正向电压的范围需在电路设计的许可范围内，很多客户设计驱动发光管都以电压方式点亮，正向电压大小会直接影响到电路整体参数的改变，从而会给产品品质带来隐患。另外，对于一些电路功耗有要求的产品，则希望在保证同样的发光效率下，正向电压越低越好。

4）相对色温分档。对于白光 LED 色温是表征其颜色行业中用得比较多的一个参数，此参数可直接呈现出 LED 色调是偏暖还是偏冷还是正白。

5）色品坐标 X、Y 分档。对于白光或者单色光都可以用色品参数来表达 LED 在哪个色品区域，一般都要求四点 X、Y 确定一个色品区域。必须通过一定测试手段保证 LED 究竟是否落在所要求的四点 X、Y 色品区域内。

6）主波长分档。对于单色光 LED 来说，主波长是衡量其色品参数的重要指标，主波长直接反映人眼对 LED 光的视觉感受。

7）显色指数分档。显色指数直接关系到光照射到物体上物体的变色程度，对于 LED 照明产品这个参数就显得非常重要。

任务细分

分光是将前面各工序生产出来的 LED 灯珠按照其光通量（亮度）、波长（或色温）以及电学特性进行检测和分批，以将某一批次的产品划分为本批次合格品、等外品以及次品的过程。

本批次合格品是指光色电参数完全达到本批次生产任务单要求的产品；等外品是指特性参数和本批次的生产任务单要求有一定出入，但仍属于合格品范畴，可先入库存储；次品是指光色电参数中明显有缺陷的产品，例如，各种原因的不亮、颜色和设计要求有差异、亮度明显不足等。

根据实际情况采用多种方案进行有效的分光分色，可以通过专业的 LED 分光分色机进行自动分档，从测电压、漏电流、光通量到绘制光谱，配合多道工序进行品质把控，自动分光机可以做到对每一颗 LED 分光分色，效率高，速度快。

任务准备

开启机台，注意机器自检过程。

检查离子风扇是否正常运作。

根据组长安排，需分光材料参照《量产规格书》中的"分级程式"设定程序，调好后由组长确认。

任务实施

一、拨料

拨料是使每一个支架从整个支架片框架中分离出来的过程，是针对贴片式支架大功率 LED 的一个工作环节。在直插式支架 LED 的生产中，与之相对应的是切脚，即半切、全切等工序。

拨料通常是在半自动拨料机上进行，机器对整个支架片操作，将每一个支架和支架片相连接的部分同时压拨断裂，从而使各支架从支架片上分离出来，形成一个一个的 LED 灯珠，这时的 LED 灯珠，实际上已经是成品。但还需要通过分光工序的检测使之按照性能进行分类，以满足各种不同的客户要求，如图 4-27 所示。

图 4-27　拨料机与拨料操作

由于大功率 LED 分光机通常使用料条来送入待分光的 LED 灯珠，故在拨料这一环节中，还包含手工将拨料后的每个 LED 灯珠，按照相同的正、负极性排列装入空料条的过程，每条料条装入固定数量的灯珠（例如，50 颗）。

本工序的要点是放入料条中的灯珠极性排列一定要相同，否则将加大下一个工序（自动分光）的返工率。

二、分光

分光工序一般在自动分光机上进行。自动分光机是一种能自动对 LED 灯珠进行光色电特性参数在线批量检测的机器，大功率 LED 自动分光机外观结构如图 4-28 所示。

在理想的情形下，只要将拨料工序后装满 LED 灯珠的料条堆放在自动分光机的进料单元，在出料口处预先装好空料条，及时取出各出料单元的已分光的满料条，并将其送到包装环节即可，机器会自动完成分光过程的运作。

实际上，由于机器本身的运作过程存在

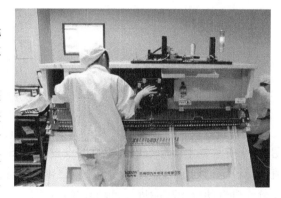

图 4-28　大功率 LED 自动分光机

着很多不确定的因素，加上生产中采用的 LED 的料条，在尺寸上总会有一定的误差范围。因此，物料在分光机上运行的整个过程中，不可避免地会在机器的各个衔接处出现卡料而发生被动停止的现象，需操作人员及时介入处理。因此，分光操作员的主要操作包括以下内容：设定自动分光机的日常分光参数、装待分光料条、处理被动停止、更换出料口满、空料条以及将已分光的满料条传送入临时包装袋等。其操作要点简介如下：

1. 分光参数设定

分光参数设定是分光工序的重要操作内容，其具体任务是，在自动分光机配套的分光软件的设置界面中，通过输入波长、色品坐标、工作电流、光通量、正向电压等参数的各区域允许值而使自动分光机将某一批次的 LED 灯珠按照设定的参数进行分批。分光参数设定的相关规定和要求可因各企业的不同而有所差异，但其主要内容均是对产品划分出波长、色品坐标、工作电流、光通量、正向电压等参数的不同范围并依次分级和命名。

自动分光机软件的主界面如图 4-29 所示，在主界面的"系统设置"子菜单中，选取"参数设置"菜单项即可打开参数设置界面，在参数设置界面中即可进行各项参数设置。主界面的文件子菜单的菜单项还可实现保存和读取当前的参数设置，以及将当前分光统计数据导出为 Excel 文件的功能。

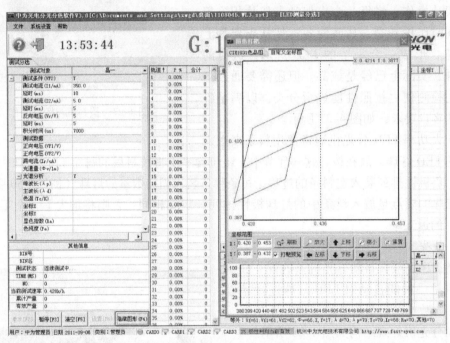

图 4-29　自动分光机软件主界面

在"参数设置"的子菜单中即可实现色品坐标、工作电流、光通量等参数的设置，如图 4-30 所示是主要参数色品坐标的设置界面图，在该界面中，可对色品坐标的 X 和 Y 参数值进行设定，划定出分光的各个不同区域。其余参数的设定类似，设定分光参数后，即可启动分光机自动分光功能进行自动分光。

2. 装待分光料条

装料条操作的关键点是，按照料条中灯珠的正确极性方向（负极朝上），将料条放置在进料单元处，否则自动分光机将无法对该料条中的灯珠进行分光。

装料条时，如果生产过程中机器出现的因卡料而被动停止的次数很少，可以一次装入多条料条。否则，如果机器被动停止较多，则装料条时应该一条一条地装，待上一料条分光完毕再装入下一料条。以免在发生卡料时，自动分光机的进料识别系统误认为是上一料条，一旦去抓取下一料条，可能会造成上一料条中灯珠散落，影响整个分光工作的效率。

3. 校正作业

更换指令时，自动分光机需做清料作业，把料斗、圆振、平振轨道及自动分光机各部位

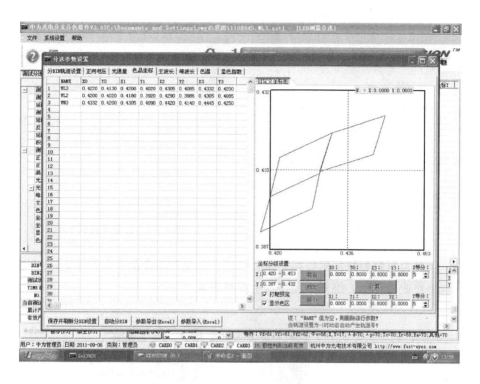

图 4-30　分光参数设置（色品坐标）

隐藏材料的地方全部检查，将各分 BIN 全部取出，检查每一管子及放置 BIN 管座，用气枪将各个角落都吹一遍，确认无材料，清料完成后，由组长及质检员确认才可进行作业。

依据《AT 标准灯校正作业指导书》，用对应的标准灯校正自动分光机，将各参数误差确认在允许范围内，确认光谱值范围是否符合规定，完成后由组长填写《分光标准灯校正记录表》，质检员确认。

自动分光机校正好后，将材料缓缓倒入圆振中，每次倒入到振动盘（见图 4-31）内的材料不可过多，其余材料倒入料斗内，将模式开关调整到自动模式，测试页面选取连续测试，然后按启动键，开始进行分 BIN 作业。

4. 首件确认

开始进行分光作业时，待分光数量达到 500pcs 以上时，质检员需取出最集中 BIN 号的 2pcs 材料在测试机上测试，依不同等级范围参照《分光标准灯校正作业指导书》判定合格或不合格，不合格时应调整自动分光机或其参数，并重新进行首件确认，将不合格的材料重新分光，直到合格，然后填写《分光首件自主检查记录表》。

5. 分类封存

分光过程中，分 BIN 达到设定数量，自动分光机会自动停止，显示分 BIN 号，作业人员将此 BIN 取出，把材料倒入铝箔袋或静电袋中，封好口，并在袋子上写上对应的单号、BIN 号（见图 4-32），然后放入已分光区域。

图 4-31　振动盘

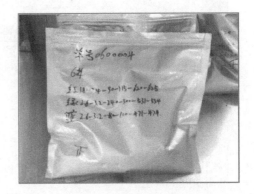

图 4-32　已分光材料标示

注意：① 各类材料要按标示放在相应的区域，良品与不良品要分开放置（见图 4-33）。
　　　② 作业过程中，绝对不允许发生混料现象。

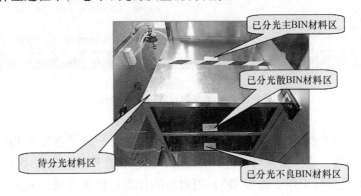

图 4-33　分光材料放置区

6. 关闭分光机，做好"5S"

三、注意事项

1）作业过程中必须做好防静电措施。

2）自动分光机出现故障时，立即请维护技术人员协助，以免造成材料损坏。

3）掉在地上或自动分光机上的产品不能放入振动盘，将此产品装入防静电袋做上特殊标示后，放入不良品放置区。

4）测试站温度控制在（25±5）℃，湿度控制在 30% RH～60% RH，若温、湿度超过允许范围，应立即停止生产并知会技术部门人员及电工处理。

5）由作业人员负责将分光机料斗、圆振、平振轨道每天用酒精擦拭一次。

6）在分光过程中要随时补充料斗中的材料，以免造成材料不足影响效率。

7）质检员每半个月使用远方测试仪对标准灯进行确认，若在允许误差范围内，则可继续使用，若不在，需及时更换。标准灯每 3 个月更换一次。

8）分光过程中作业人员若发现灯坏比例超过 1.5%（BIN 120）或漏电比例超过 0.2%

（BIN 131），应立即通知相关技术人员处理。

9）做好设备保养，记录《设备保养卡（分光机）》。

任务评价

通过自评、互评、教师评相结合等方式，从机台导出数据，评判分光、分选操作效果，着重考查对于程序的调试能力。

分光工艺过程评价表

项目名称	评价内容	分值	评价分数		
			学生自评	小组互评	教师评价
1. 分光参数设定（20分）	在自动分光机配套的分光软件的设置界面中，通过输入波长、色品坐标、工作电流、光通量、正向电压等参数的各区域允许值，而使自动分光机将某一批次的 LED 灯珠按照设定的参数进行分批	4分			
	在主界面的"系统设置"子菜单中，选取"参数设置"菜单项即可打开参数设置界面，在参数设置界面中即可进行各项参数设置	4分			
	主界面的文件子菜单的菜单项还可实现保存和读取当前的参数设置，以及将当前分光统计数据导出为 Excel 文件的功能	4分			
	在"参数设置"的子菜单中即可实现色品坐标、工作电流、光通量等参数的设置	3分			
	可对色品坐标的 X 和 Y 参数值进行设定，划定出分光的各个不同区域	3分			
	设定分光参数后，即可启动自动分光机的自动分光功能进行自动分光	2分			
2. 装待分光料条（9分）	按照料条中灯珠的正确极性方向（负极朝上），将料条放置在进料单元处	3分			
	装料条时，如果生产过程中机器出现的因卡料而被动停止的次数很少，可以一次装入多条料条	3分			
	如果机器被动停止较多，则装料条时应该一条一条地装，待上一料条分光完毕再装入下一料条	3分			
3. 校正作业（30分）	更换指令时，自动分光机需做清料作业，把料斗、圆振、平振轨道及自动分光机各部位隐藏材料的地方全部检查	6分			
	将各分 BIN 全部取出，检查每一管子及放置 BIN 管座，用气枪将各个角落都吹一遍，确认无材料，清料完成后，由组长及质检员确认才可进行作业	6分			
	依《AT标准灯校正作业指导书》，用对应的标准灯校正机台，各参数误差确认在允许范围内，确认光谱值范围是否符合规定，完成后由组长填写《分光标准灯校正记录表》，质检员确认	6分			

（续）

分光工艺过程评价表

项目名称	评价内容	分值	评价分数		
			学生自评	小组互评	教师评价
3. 校正作业（30 分）	自动分光机校正好后，将材料缓缓倒入圆振中，每次倒入到振动盘内的材料不可过多，其余材料倒入料斗内，将模式开关调整到自动模式	6 分			
	测试页面选取连续测试，然后按动启动键，开始进行分 BIN 作业	6 分			
4. 首件确认（11 分）	开始进行分光作业时，待分光数量达到 500pcs 以上时，质检员须取出最集中 BIN 号的 2pcs 材料在测试机上测试	2 分			
	依不同等级范围参照《分光标准灯校正作业指导书》判定合格或不合格	3 分			
	不合格时应调整自动分光机或参数，并重新进行首件确认	3 分			
	将不合格的材料重新分光，直到合格，然后填写《分光首件自主检查记录表》	3 分			
5. 分类分光（30 分）	分光过程中，分 BIN 达到设定数量，自动分光机会自动停止，显示分 BIN 号，作业人员将此 BIN 取出，把材料倒入铝箔袋或静电袋中，封好口，并在袋子上写上对应的单号、BIN	3 分			
	放入已分光区域。检查各类材料是否按标示放在相应的区域，良品与不良品要分开放置；作业过程中，绝对不允许发生混料现象	4 分			
	机台出现故障时，立即请维护技术人员协助，以免造成材料损坏	2 分			
	掉在地上或机台上的产品不能放入振动盘，将此产品装入防静电袋做上特殊标示后，放入不良品放置区	3 分			
	测试站温度控制在（25±5）℃，湿度控制在 30% RH ~ 60% RH，若温、湿度超过允许范围，应立即停止生产并知会技术部门人员及电工处理	2 分			
	由作业人员负责将分光机料斗、圆振、平振轨道每天用酒精擦拭一次	3 分			
	在分光过程中要随时补充料斗中的材料，以免造成材料不足而影响效率	3 分			
	质检员每半个月使用远方测试仪对标准灯进行确认，若在允许误差范围内，则可继续使用，若不在，需及时更换。标准灯每 3 个月更换一次	4 分			
	分光过程中作业人员若发现灯坏比例超过 1.5%（BIN 120），或漏电比例超过 0.2%（BIN 131），应立即通知相关技术人员处理	2 分			
	做好设备保养，记录《设备保养卡（分光机）》	4 分			
总分		100 分			
总评	自评（20%）+ 互评（20%）+ 师评（60%）=	综合等级		教师（签名）：	

能力拓展

常见的被动停止，可能由以下两个原因造成：

1）卡料。卡料的主要原因之一是支架尺寸的不标准，尤其是某一批次的支架尺寸较大，则容易造成在导轨中的某一段移动受阻，从而使系统发生停止。

处理方法：用手扳动或用钝针捅开的方法使之恢复移动。经常发生暂停的地方主要是进料槽以及各 BIN 的出料槽处，处理后即可解除停止。处理卡料而造成的被动暂停时，常需要将挡板扳下，或将分光积分球拉出。

2）某一出料 BIN 的料条已满。处理方法：将其取出，塞好端口后放入相应 BIN 号的装袋中。在机器上相应 BIN 号处更换上新的空料条后，停止即可解除。

任务五　编带与包装

学习目标

1. 学会自动封口机、编带机的编程、调试与操作。
2. 了解包装流程与工艺要求。
3. 识读包装生产单，真空包装作业。
4. 静电袋装好，并放入防潮剂、标签，标签应注明重量和相应的技术参数。
5. 学会利用拉力计进行拉力测试，对比焊线后的拉力实验有什么异同。
6. 理解自动编带机的 CCD 检测，对比掌握固晶机、焊线机、点胶机的工业相机 CCD 的原理。

相关知识

编带是小型分立元件成品生产的一个工序，打码前用胶带纸把芯子编成盘，卷绕起来便于包装和保存，并将元件保护起来，避免静电、短路。使用设备就是编带机，它又称编带包装机、卷带包装机，主要用于包装 SMD 物料、LED、电感、电阻等卷盘包装。编带包装是一种新型的包装方式。机器主要分为全自动、半自动、电动型三大类。编带机使用的材料包括：上盖带、载带、卷盘。

当编带包装机电气连线接好后，如果是热封装的话，升到合适的温度，调节好载带和气源气压。用人工或自动上料设备把 SMD 元件放入载带中，马达转动把盖带成型，载带拉到封装位置，这个位置盖带在上，载带在下，经过升温的两个刀片压在盖带和载带上，使盖带把载带上面的 SMD 元件口封住，这样就达到了 SMD 元件封装的目的。然后收料盘把封装过的载带卷好。有的编带机不是热封装，是用冷封装，就是不用加热就可以使盖带和载带粘在一块，这时候用的盖带要有黏性。

封装前，载带一般要经过两个传感器，一个是计数用的，一个是用来做料控的。料控要检测载带里有没有漏放元件。如果有漏放，编带机的电动机立刻停下不转，同时刀头也要升到上面的位置。计数传感器一般是用光纤，要求反应速度要快，这样才不会漏计数。计数传感器可以计数载带的边孔，也可以计数成型凹槽。数边孔的话要折算回来才能是正确的 SMD 个数。我们对常见的包装方式也做一下介绍。

1. 编带包装

在芯片规格书里一般是 Reel 表示，表示编带，俗称卷盘包装，这是在 SMT 里最普遍的包装方式，因为 SMT 采用的是自动化设备，要上机器料架达到自动贴片目的，卷带是最常用的规格。可以说在贴片物料里，90% 以上的物料都是编带包装，能达到最好的自动化生产的程度，当然实际很多芯片也只能做成编带方式，编带方式一般来说是我们最优选择的。

2. 托盘包装

对于一些功率芯片，因为尺寸的变大，这一类的芯片的一般包装形式是托盘方式，一般也没太大的选择余地。托盘包装在 SMT 中因为尺寸大，一个包装数量相对少一点，在拆包后必须每一盘检查，目检合格，然后整个拆包、检查、放入等操作全是人工操作，需格外注意静电、摔落等问题。对于一些小尺寸的芯片，既存在编带也存在托盘包装时，优选编带。

3. 管装

SMT 芯片发展这么多年，似乎还有一些管装，甚至只有管装选择。像 TOP SOP 芯片，管装和编带包装几乎是共存的，考虑到厂家的包装方式是通过料号来区分，两种都有选择，根据实际情况来使用。

目前管装方式最大问题是工厂无法直接去贴片，效果不好而且过程不稳定，会影响效率。做法是将管子里的芯片倒出来，重新装在托盘上，芯片摆放的工作量较大，而且还有质量隐患，这对芯片有静电风险、放反风险等一系列问题。

4. 散料

散料只能人工放在 PCB 上操作，无法批量操作，影响质量和效率。如功率 LED 灯、FPC 座等这一类元件，供应商发货就是一个包装袋包 500 粒。只适合小批量生产，或研发测试使用，不适合正常量产的产品。

任务细分

1）将切好的材料用静电袋装好，并放入防潮剂、标签，标签应注明重量和相应的技术参数，用封口机封装好。

2）若单数量比较大时，点数的标准不能低于此单数量的 10%（即 100K 就要点数 10K）然后取平均重量，以平均重量为标准称量 1K 重量打包。

3）打包完正品后，也应把相应的次品、废品点好，填写在生产单上。

4）核对所点的正、次、废品的总数是否与生产单上封胶填写的数量相符合。

5）如实填写生产单，并由主管签名确认。

6）把产品用纸箱装好，并送入成品仓供仓管验收。

任务准备

一、编带

戴好已测试过的静电环，检查离子风扇是否正常运作。

开启电源，同时点检保养设备，设定编带包装机所需的温度，每卷包装数量，见表4-7。

表4-7　设定编带包装机参数

机种	3535 RGB
温度设定	250～270℃
每卷包装数量	3000pcs

准备待编带用的盖带、载带、卷盘等，并检查是否有破损、残缺、油污等不良。

二、真空包装

根据《真空包装机操作指导书》对真空包装机进行清洁保养，打开真空包装机电源，点检设备。

根据《真空包装机操作指导书》，调节真空包装机控制面板上的参数设置，其规定项目和参数见表4-8。

表4-8　调节真空包装机参数

项目	参数设置
封口时间	(1.5±0.1) s
冷却时间	(3.0±1.0) s
真空时间	(12.0±0.1) s
充气时间	0.0s

任务实施

一、编带作业

清料：当编带包装机更换生产制令时，需做清料作业，必须把料斗、圆振、平振轨道及编带包装机各部位可能隐藏材料的地方全部排检，绝不允许有混料发生，清料完成后，由领班及质检员盖章确认才可进行编带作业。

安装好盖带、载带，对100pcs左右的材料进行载带拉力测试，不允许有爆带、拉丝、卡料等现象；载带拉力大小范围在20～40gf之间，质检员需对测试结果进行确认，具体测试方法如图4-34所示。

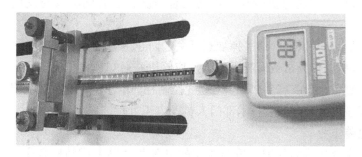

图4-34　载带拉力测试

使用拉力计进行拉力测试，测试量程为30cm，将载带夹于拉力计的铁夹上，盖带压于轨道压片上，载带平直摆放，按下启动按钮进行测试，测试完成后电脑显示出相关测试数据报告。

CCD 检测：将分好 BIN 的材料倒入振动盘内，材料依次通过平振，以及在吸嘴的带动下经过位置校正、电性检测等步骤后流入 CCD 镜头进行检测。CCD 主要检测其包装材料是否有侧料、翻料、反向、多胶、少胶、表面刮伤等不良，如图 4-35 所示。CCD 检测合格后开始包装作业。

若检测时存在以上不良，需将材料剔除，并重新从检测电性合格的材料中进行补充。

以上检测确认合格之后开始正常编带作业，作业过程中要注意，放入料斗的数量应在 10K 以下，并随时补充材料，以免造成圆盘内材料不足而影响包装效率（见图 4-36）。

图 4-35　CCD 检测

图 4-36　材料不足

包装好的材料需要在卷盘上标明对应的 BIN 号。编带过程中应注意以下内容：

1）对于次品材料，不能再与机台上的材料一起编带，必须将其夹起放入指定的次品料盒内，以等外品入库。

2）在编带包装后需对材料进行抽检，检查是否有漏装、侧料、翻料等不良，并要注意前后空格数量是否准确。

3）针对侧料、翻料的不良材料，可先用镊子将不良材料拨正，再压带即可。

二、注意事项

1）每天上班之前操作人员需将压头拆下来，待压头冷却后，用碎布蘸酒精对其进行清洗，并由质检员进行确认。

2）在编带过程中应注意盖带与载带的压合情况，若有问题及时反应给相关技术人员处理。

3）如果停机 45min 以上，请关掉加热开关，防止上带因加热过久而黏度降低。

4）编带包装机动作异常或有异常声响，应停机并通知领班和设备维护人员。

5）测试站温度控制在（25±5）℃，湿度控制在 30% RH ~ 60% RH，若温、湿度超过允许范围，应立即停止生产并知会技术部门人员及电工处理。

三、真空包装作业

取出编带烘烤合格后的材料，按照对应的 BIN 号，贴上成品标签交由终检员确认并盖章；并在相应的铝箔袋贴上成品标签交由终检员确认并盖章。

将材料、干燥剂和防潮湿度卡快速放进铝箔袋中，将静电真空袋的封口处放在封口机胶条上并使用铁杆压住，之后使用真空包装机（见图 4-37）进行真空包装作业。

注意，干燥剂要放到铝箔袋底角位置（见图4-38）。

图4-37 真空包装机控制面板

干燥剂放置位置

图4-38 装入铝箔袋

袋口位置与真空包装机前段发热条平齐（见图4-39和图4-40），盖下真空包装机盖，双手紧压使机器进行精密接触，设备进行自动抽真空（见图4-41）；待真空包装机自动完成抽真空排气后，上盖会自动松开，完成作业（见图4-42）。

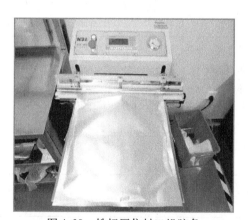

图4-39 铁杆压住封口机胶条

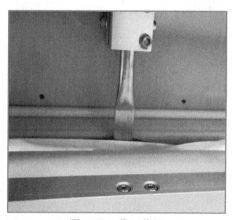

图4-40 袋口位置

图4-41 自动抽真空

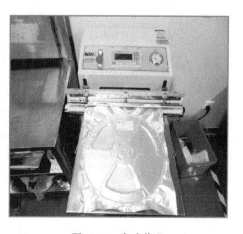

图4-42 完成作业

四、封口检查

取出真空包装合格后的铝箔袋，检查封口处是否会有裂开、漏气现象，如有以上异常情况发生，则需要重新调节参数，更换铝箔袋，再次进行封口包装。

真空包装后合格的材料，在装箱前必须再次确认没有漏气现象，若有漏气现象则需要重新拆开包装，确认合格后才可以将材料放入周转箱。

参照《真空包装机操作指导书》关闭机器及电源，做好本岗位的"5S"。

真空包装机有其他异常状况通知设备维护人员。

烤后的卷轴有严重变形现象需找工程技术人员确认是否需重新编带。

任务评价

通过自评、互评、教师评相结合等方式，评判编带或包装过程，其中真空包装作业过程评价可参照《编带作业要求过程评价表》。

编带作业要求过程评价表

项目名称	评价内容	分值	评价分数		
			学生自评	小组互评	教师评价
1. 任务细分（20分）	将切好的材料用静电袋装好，并放入防潮剂、标签，标签应注明重量和相应的技术参数，用封口机封装好	4分			
	若生产单数量比较大时，点数的标准不能低于此单数量的10%（即100K就要点数10K）然后取平均重量，以平均重量为标准称1K重量打包	4分			
	打包完正品后，也应把相应的次品、废品点好，如实填写生产单，并有主管签名确认	4分			
	核对所点的正、次、废品的总数是否与生产单上封胶填写的数量相符合	4分			
	把产品用纸箱装好，并送入成品仓供仓管验收	4分			
2. 任务准备（20分）	戴好已测试过的静电环，检查离子风扇是否正常运作	4分			
	开启电源，同时点检保养设备，设定编带包装机所需的温度、每卷包装数量	4分			
	准备待编带用的盖带、载带、卷盘等，并检查是否有破损、残缺、油污等不良	4分			
	根据《真空包装机操作指导书》对真空包装机机台进行清洁保养，打开真空包装机电源，点检设备	4分			
	根据《真空包装机操作指导书》，调节真空包装机控制面板上的参数设置，其规定项目和参数	4分			
3. 编带作业（40分）	清料：当编带包装机更换生产制令时，需做清料作业，必须把料斗、圆振、平振轨道及编带包装机各部位可能隐藏材料的地方全部排检，绝不允许有混料发生，清料完成后，由领班及质检员盖章确认才可进行编带作业	6分			

（续）

编带作业要求过程评价表

项目名称	评价内容	分值	评价分数		
			学生自评	小组互评	教师评价
3. 编带作业（40分）	安装好盖带、载带，对100pcs左右的材料进行载带拉力测试，不允许有爆带、拉丝、卡料等现象；载带拉力大小范围在20～40gf⊖之间，质检员需对测试结果进行确认	8分			
	使用拉力计进行拉力测试，测试量程为30cm，将载带夹于拉力计的铁夹上，盖带压于轨道压片上，载带平直摆放，按下启动按钮进行测试，测试完成后电脑显示出相关测试数据报告	6分			
	CCD检测：将分好BIN的材料倒入振动盘内，材料依次通过平振，及在吸嘴的带动下经过位置校正、电性检测等步骤后流入CCD镜头进行检测，CCD主要检测其包装材料是否有侧料、翻料、反向、多胶、少胶、表面刮伤等不良，CCD检测合格后开始包装作业	6分			
	存在不良，需将材料剔除，并重新从测完电性的材料中进行补充	4分			
	包装好的材料需要在卷盘上标明对应的BIN号，针对侧料、翻料的不良材料，可先用镊子将不良材料拨正，再压带即可	3分			
	在编带包装后，需对材料进行抽检，检查是否有漏装、侧料、翻料等不良，另要注意前后空格数量是否准确	3分			
	对于次品材料，不能再与机台上的材料一起编带，必须将其夹起放入指定的次品料盒内，以等外品入库	4分			
4. 注意事项（20分）	每天上班之前操作人员需将压头拆下来，待压头冷却后，用碎布蘸酒精对其进行清洗，并由质检员进行确认	5分			
	在编带过程中应注意盖带与载带的压合情况，若有问题及时反映给相关技术人员处理	4分			
	如果停机45min以上，请关掉加热开关，防止上带因加热过久而黏度降低	3分			
	编带包装机动作异常或有异常声响应停机并通知领班和设备维护人员	3分			
	测试站温度控制在（25±5）℃，湿度控制在30%RH～60%RH，若温、湿度超过允许范围，应立即停止生产并知会技术人员及电工处理	5分			
总分		100分			
总评	自评（20%）＋互评（20%）＋师评（60%）＝	综合等级		教师（签名）：	

⊖ 1gf＝0.0098N

思 考 题

（一）填空题

1. LED 封装中的后工序岗位是指_____和_____两个岗位。

2. 贴片封装中与直插封装对应的工艺环节叫_____。

3. 点胶的胶水采用_____胶水，胶水使用时限不能超过_____ min。

4. 点胶的胶水使用前要按规则进行解冻、_____、_____脱泡和防潮。

5. 点胶操作的效果要求微凸、_____。

6. 点胶质检员检验包括_____检查，以及_____。

7. _____是将成分复杂的光，分解为光谱线的科学仪器。

8. 分光光度计主要由_____、单色器、吸收池、检测器、_____和显示与存储系统组成。

9. 分光机的调机主要是根据标准对_____坐标的各个合格的区域进行划定。

10. 分光机的调机中，色品坐标的概念是基于 CIE 1931 的_____颜色系统。

11. 分光前的调机是按照某一批产品的_____的要求进行的。

12. 分光操作前机器要清理干净，防止_____混入。

13. 分光后的良品贴标识单后转送_____区。

14. 贴片分光作业前需对机器进行分光参数_____，即根据大单数量要求设定分光公式、分光条件。

15. 编带是小型分立元件成品生产的一个工序，打码前用胶带纸把芯子编成盘，卷绕起来便于包装和保存，并将元件保护起来，避免_____、_____。

（二）简答题

1. 直插式 LED 封装中的封胶环节中的封胶子工序的具体工作有哪些？

2. 直插式 LED 封装中的长烤具体要做哪些工作？

3. 直插式 LED 封装中的半切、全切具体要做哪些工作？

4. 直插式 LED 封装中的分光操作岗位具体要做哪些工作？

5. 直插式 LED 封装中的分光检验包含哪些工作内容？

6. 直插式 LED 成品包装分为哪些步骤？

7. 贴片点胶短烤、长烤环节包含哪些具体工作？

8. 贴片点胶看外观环节包含哪些具体工作？

9. 贴片点胶落料工序包含哪些具体工作？

10. 封胶前的配胶分为哪几个步骤？配胶最后的抽真空步骤为何是必不可少的？

11. 贴片点胶工序可分为哪九个步骤？

12. 贴片点胶子工序包含哪些具体工作？

13. 贴片分光可分为哪四个步骤？

14. 贴片分光作业要做哪些具体工作？

15. 贴片分光混灯环节要做哪些具体工作？

16. 贴片分光除湿 2 环节要做哪些具体工作?

17. 编带子工序包括哪些工作内容?

18. 编带后的除湿 3 工序包括哪些工作内容?

19. 工业界有哪七种常用有效的 LED 光源分光分色技术?

20. 什么叫光通量分档?

21. 什么叫相对色温分档?

22. 自动分光机的参数如何设定?

23. 拨料工序有哪些?

24. 自动分光工序有哪些?

25. 造成自动分光机被动停止的原因有哪些,应该如何处理?

项目五　LED参数测试 5

项目导入

2023年8月初，北美照明工程学会（Illuminating Engineering Society of North America, IES）公布了第50届IES照明奖（IES Illumination Awards）最终获奖名单。在激烈严格的评选中，上海临港顶尖科学家论坛永久会场获得了杰出奖，成为唯一一个来自中国的获奖项目。

照明设计团队结合"群星荟萃"的室内设计主旨，从以人为本的理念出发，将健康照明以及会议场馆运营的需求相结合，在五大主题场馆（主会场、VIP会见厅、宴会厅、圆桌会议厅、多功能厅）中采用了可调光调色灯具，色温可调区间为2700~6500K。

思考：这些参数是怎样测得的，它们有什么含义呢？

经封装工序得到LED灯珠，就完成了封装制程，制程中已经有多次的过程检测，保证流转的物料是合格的。但作为一种新型电光源，实际应用中还要根据产品需求配置适当指标，不同的应用场合对各种参数的要求也不相同，例如灯珠就有各种各样的特性，要根据应用需求进行LED光、色、电、热等参数测试。此外，单个灯珠与多个芯片排布成阵列模组相比，在发光特性上有较大区别，因此对于封装后LED的测量，是必要的。

随着产品线的延长、模组的更新，还需要优化检测方案，以保证产品有更好的一致性、可靠性，制定LED光电测试方法的标准、统一衡量LED产品光电性能，是行业普遍认可的重要途径。现在常使用LED光色电综合测试系统、荧光粉激发光谱与热猝灭分析系统和LED热阻结构分析系统等进行自动化检测。

光电测试是检验LED光电性能的重要手段，光色电综合测试系统是一款针对各类LED器件进行光、色、电综合检测的设备，相应的测试结果是评价LED产品性能的依据，故各相关LED企业经常要通过光色电综合测试进行来料品质检测、研发检测及企业标准建设等。本项目将介绍LED灯珠的光、色、电、热等参数常用的测量设备和测试方法。

任务一　光色电综合测试系统

学习目标

1. 了解光参数、色参数、电参数、热参数等特性参数。
2. 了解部分基本参数、符号、单位、参数定义等内容。
3. 理解积分球、示波器、光色电综合测试系统结构及工作过程。

4. 学会利用测试主机、功率计、数控电源、积分球以及计算机测试软件完成对 LED 的参数测试。

5. 培养学生良好的实验习惯与严谨的工作作风，培养学生吃苦耐劳和热于奉献的精神。

相关知识

LED 特性参数是描述 LED 的工作状态以及其性能指标的参数，了解和掌握特性参数对 LED 产品的器件选型和系统结构域性能设计都具有重要的意义。LED 是一种电光源，光学特性和电学特性是 LED 的重要特性，由于光学特性涉及光度学和色度学方面的许多基本概念的理解，故把 LED 的光学特性分解为光度学特性和色度学特性两个部分。此外，由于 LED 灯具的散热问题是当前 LED 灯具应用和推广中面临的主要难题之一，因此热学特性也是 LED 的重要特性。

电通道将电源高效的供给器件，LED 驱动器可以将交流电转换为直流电，这里涉及驱动器的转换效率问题。封装电通道设计主要包括引出电极方式、金线连接芯片的拓扑排布方式、电流通道的过流能力等方面。影响电通道质量的因素有固晶基板的大小和材质、电流承受能力、引出线和焊接金线、芯片的拓扑连接方式、引出电极的方式等。

建立良好的光通道，将尽可能多的光线导出来为我们所用，是提高光效的关键技术之一。在输入恒定的电能的情况下，更多的有效出光意味着更少的无效热能的产生，相应减轻高密度热量释放的负担。

色度学参数定义非常复杂，但都有了成熟的换算公式，用户只需要测量出灯具的光谱分布，计算机就可以从光谱出发，自动计算出所有的色度学参数。测量光谱一般用三棱镜或光栅将复色光分解为单色光，然后使用高精度的光电探测器测量出每种单色光的辐射强度，光电探测器一般使用 CCD 阵列或者光电倍增管。光电倍增管精度很高，但是较为笨重，操作不便，现在商用仪器大多使用 CCD 阵列。

一、LED 常见的测试参数（见表 5-1）

表 5-1　LED 常见测试参数

参数类型	基本参数	符号	单位	基本定义
光参数	光通量	Φ	流明（lm）	光源在单位时间内发出的能量（其中人眼所能感觉到的）
	发光强度	I	坎德拉（cd）	光源在指定方向的单位立体角内发出的光通量
	光照度	E	勒克斯（lx）	被光源均匀照射的物体，在单位面积上得到的光通量
	峰值波长	λ	纳米（nm）	光谱辐射功率最大的波长
	半光强角	$\theta_{1/2}$	度（°）	最大发光强度一半所对应的角度
	最大光强角	θ_m	度（°）	取得最大光强值所对应的角度
	光通量效率	η	流明每瓦（lm/W）	LED 发射的光通量与其电功率的比值
色参数	光谱光视效率函数	$V(\lambda)$	—	人眼对各种波长光的平均相对灵敏度
	色品坐标	(x, y)	—	根据光谱功率分布 $P(\lambda)$ 曲线，用分光光度法求和来近似积分

（续）

参数类型	基本参数	符号	单位	基本定义
色参数	主波长	λ	纳米（nm）	任何一个颜色都可以看作为用某一个光谱色按一定比例与一个参照光源（如 CIE 标准光源 A、B、C 等，标准照明体 D65 等）相混合而匹配出来的颜色，这个光谱色就是颜色的主波长
	显色指数	Ra	—	光源对物体本身颜色呈现的程度称为显色性，光源显色性由显色指数表明，表示物体在光下颜色比基准光（太阳光）照明时颜色的偏离，CIE 把太阳的显色指数定为 100
	光谱半宽度	$\Delta\lambda$	纳米（nm）	相对光谱能量分布曲线上，两个半极大值强度处对应的波长差
	色温	T	开尔文（K）	以热力学温度（K）表示，即将一标准黑体加热，温度升高到一定程度时颜色开始由深红—浅红—橙黄—绿—蓝逐渐改变，当加热到与光源颜色相同时，我们将黑体当时的热力学温度称为该光源的色温
	色纯度	P	—	样品颜色接近主波长光谱色的程度表示该样品颜色的纯度
电参数	正向电流	I_F	安培（A）	LED 正常发光时的正向电流值，由 LED 芯片决定
	正向电压	V_F	伏特（V）	通过 LED 的正向电流为确定值时，在两极间产生的电压降
	最大反向电压	V_{RM}	伏特（V）	所允许加的最大反向电压。超过此值，LED 则会因反向电流突然增加而出现击穿损坏现象
热参数	结温	T_j	摄氏度（℃）	在工作状态下，PN 结的温度
	热阻	R_{th}	摄氏度每瓦（℃/W）	在热平衡条件下，导热介质在两个规定点处的温度差，即热源
	温度系数	K	摄氏度每毫伏（℃/mV）	材料的物理属性随着温度变化而变化的速率

二、光色电综合测试系统

ZWL-9200 型光色电综合测试系统是一款针对 LED 光通量、色温、波长、显示指数、色纯度、电流、电压、电功率、光效率等全性能的检测设备。通过模拟视觉函数对不同颜色的谱线自动修正，达到最精确测试，且对不同功率 LED，测试速度都在 ms 级，所有测试条件符合 CIE 相关标准，具体测试系统的技术参数见表 5-2。

表 5-2　测试系统的技术参数

	功能	参数范围	准确度	分辨率
光参数	光通量测量	0~4000lm	3% FS	0.001lm
电参数	正向电压测量	1~45V	≤5V：±0.2% 键值 +0.01 V >5V：±0.2% 键值	0.015V
	驱动电流	0~5A	≤300mA：±0.2% 键值 +0.001A >300mA：±0.2% 键值	<1.5A，分辨率 0.001A ≥1.5A，分辨率 0.003A

（续）

	功能	参数范围	准确度	分辨率
色参数	波长范围	380～780nm（可扩展测紫外、近红外）	波长<600nm，±0.4nm 波长>600nm，±1.0nm	0.19nm
	显色指数	0～100	1	1
	色品坐标	X、Y 和 U、V	0.003	0.0001
	色温	1300～25000K	0.05% FS	1K

三、积分球

积分球又称为光通球，是一个中空的完整球壳，其实是一个光收集器。球内壁均匀喷涂多层白色漫反射材料，如硫酸钡、聚四氟乙烯等，且球内壁各点漫射均匀。将被测光源置于球内，其所发出的光线在积分球内部经过多次漫反射后光线均匀分布在球内部，经漫反射后被光电探测器接收（光电探测器前方有一个遮光板，遮光板表面的属性与球体内表面的材料属性是相同的，都能产生漫反射效果，这个挡板的作用是为了避免 LED 光源发出的光线直接照射到探测器上，使得测量不准确）。

积分球直径规格有大小之分，根据测试光源大小不同和应用场合不同而选择，常见的直径0.3m 积分球常用于测试灯珠，常见的直径1.5m 积分球常用于测试各种各样的灯具，它们的用法及连线相同，只是各自夹具略有不同。积分球的结构，以直径为0.3m 积分球为例，如图5-1 所示，其主要由遮光板、LED 电源接口和 LED 夹具所组成。

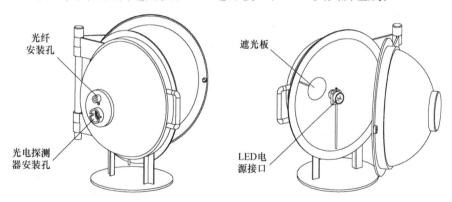

图 5-1　积分球结构图

任务细分

1）在开启、关闭积分球时，一定要小心，防止球体受损变形或内壁涂层受损。

2）在日常使用中，尽量保持球体内部清洁，防止涂层污损和受潮腐蚀。

3）在使用积分球进行测试的过程中，尽量避免在球内放置遮挡物和有色物体（中性白色除外）。

4）测试前，系统柜的输出接口和积分球电源输入接口接线要特别注意。安装 LED 光源应注意正负极，如图5-2 所示。

图 5-2　系统柜的输出接口和积分球电源输入接口接线

系统柜采用直流输出，需接四根线；若采用交流输出就只需接两根线即可。积分球电源输入接口，要根据待测光源是什么类型来调整，若是测球泡灯，则接四根线；若是测荧光灯管，注意灯管两端的正负极。图 5-3 所示为灯具的安装位置。

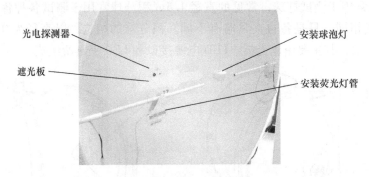

图 5-3　灯具的安装位置

任务准备

一、工作环境

环境温度：(23 ± 5)℃；相对湿度：55% RH ± 25% RH；电源电压：220V ± 11V；电源频率：50~60Hz；空间环境：无强烈的机械振动、冲击、强电磁场。

二、测试系统主要仪器及使用

此测试系统主要由积分球、ZWL－9200 型光色电综合测试系统和计算机测试软件组成，如图 5-4 所示。其中，大积分球适用于灯具的光色电综合测试，小积分球适用于灯珠的光色电综合测试。

三、测试系统柜及使用

其中测试系统柜包括测试主机、数显功率计、高精度直流稳压电源、交流稳压电源。机柜仪器及主要接口如图 5-5 所示。

图 5-4　LED 光色电综合测试系统

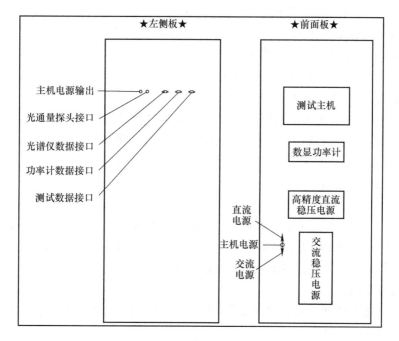

图 5-5　机柜仪器及主要接口

任务实施

一、测试主机的使用

1. 前面板介绍

如图 5-6 所示，前面板上的快捷键有"设置""确认""←""校零""光强""光通量""漏电流""曲线"以及数字键和电源开关按钮。各快捷键的主要作用如下：

1）"设置"：可以用来设置检测标准或设置积分球的型号。

2）"确认"：对之前的输入数值或者选择项的确认。

3）"←"：在光强、光通量及漏电流状态下，用于清除当前电流或电压值，使其处于数

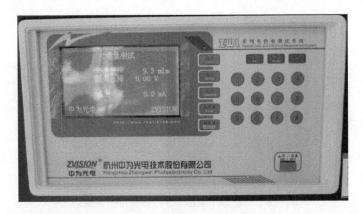

图 5-6　测试主机前面板

值输入状态（出现下划线且无数值）。

4）"校零"：仪器零点校准。

5）"光强"：切换到光强测试模式。

6）"光通量"：切换到光通量测试模式。

7）"漏电流"：切换到漏电流测试模式。

8）"曲线"：切换到曲线测试模式，此功能需要上位机控制进行。

9）数字键：改变电流或电压的数值大小，最后要按"确认"键。

10）"#"：这里用来做5V/24V电压软切换，每按一次改变一次。

2. 测试主机操作说明

（1）校零

在光通量测试模式下，如果当前显示的光通量数值不为零（允许是个较小的数值），需要对机器进行校零，操作如下：让灯具处于非点亮状态；按下主机前面板的"校零"快捷键；在提示"校零完成"后，自动恢复到之前的状态。

（2）光通量测试

测试前把主机切换到"光通量测试"模式，并确认积分球装置已经连接到测试主机，等待灯具点亮即可进行测试。

在测试界面下按"←"键清除当前电流值，再按数字键输入需要的电流值，最后按"确认"键使设置生效。本仪器可任意设定输出电流值（输出范围 0 ~ 1500mA），以适应不同的测试项及不同灯具的测试需要。

进行光通量测试时，有三种积分球型号可以选择，如图 5-7 所示，使用前需要进行校准（使用校准软件）。在"光通量测试"模式下，按"设置"键，出现如下图 5-8 所示界面。

然后按"←"键上下移动光标进行积分球型号的选择，最后按"确认"键。

二、功率计的使用

1. 仪器前面板

功率计仪器面板如图 5-9 所示，若被测量为交流（AC），按"AC/DC/·"键，使面板右侧的"AC"指示灯亮，表示测量交流（AC）。

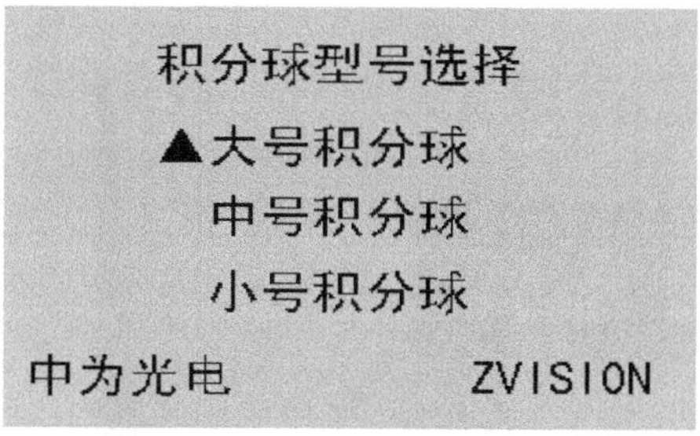

积分球型号选择	光通量测试

图5-7　积分球型号的选择 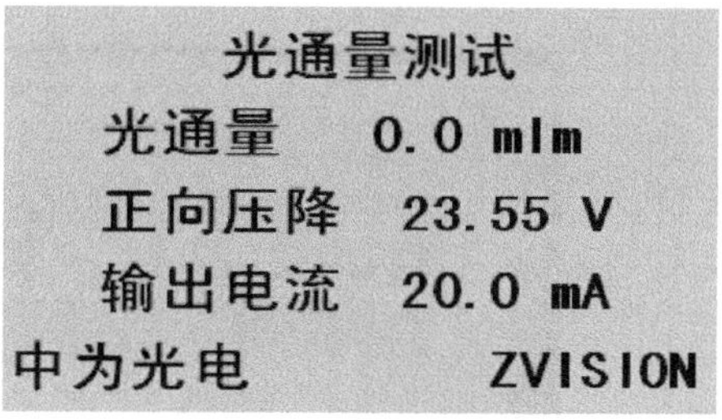　　　　图5-8　光通量测试

图5-9　功率计仪器面板

若被测量为直流（DC），或交直流（AC＋DC），按"AC/DC/·"键，使面板右侧的"DC"指示灯亮，表示测量直流（DC）或交直流（AC＋DC）。

2. 使用方法

仪器应在预热15min后，才可以进入稳定状态；切断仪器电源后，应等待10s以上才能再次上电，严禁在短时间内反复开关电源，这会引起仪器寿命缩短，并有可能引起仪器故障。当天测量完毕后，应关闭仪器电源，并拔下插头，以防可能的雷击造成仪器的损坏。

用户一般使用时只需打开电源开关即可，其他程序参数厂商已设置好。

三、数控电源的使用

数控电源有两种，分别是直流和交流数控电源，直流数控、交流数控电源前面板分别如图5-10、图5-11所示。

图5-10　直流数控电源前面板

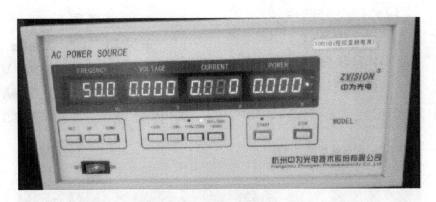

图 5-11　交流数控电源前面板

数控电源是给测试灯（具）提供电能的仪器设备，在实际应用时只会使用一种数控电源给电灯供电，通过如图 5-12 所示的直流/交流"电源切换"开关更换。例如，待测 LED 电灯是交流供电的，则打开交流数控电源开关，同时将"电源切换"先置于空档，然后安装待测试灯（具），安装好电灯后把开关置于对应的交流档。测试完毕后，也要先将"电源切换"置于空档，然后拆卸待测灯（具）。这个操作要特别注意，避免发生触电危险。

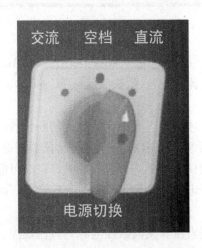

图 5-12　直流/交流"电源切换"开关

用户一般使用其中一种数控电源时，只需按电源开关即可（交流数控电源同时要按 START/STOP），其他程序参数厂商已设置好。

任务评价

通过自评、互评、教师评相结合等方式，参考测试数据报告，综合评判光色电测试的正确性，考查学生对测试仪器、设备的熟练使用情况，如光色电综合测试系统、积分球、功率计及数控电源等，是否可以独立完成测试。

光色电综合测试过程评价表

项目名称	评价内容	分值	评价分数 学生自评	评价分数 小组互评	评价分数 教师评价
1. 任务准备（20 分）	在开启、关闭积分球时，一定要小心，防止球体受损变形或内壁涂层受损	4 分			
	保持球体内部清洁，防止涂层污损和受潮腐蚀	4 分			
	在使用积分球进行测试的过程中，避免在球内放置遮挡物和有色物体	4 分			
	测试前，注意系统柜的输出接口和积分球电源输入接口接线	4 分			
	安装 LED 光源应注意正、负极	4 分			
2. 测试主机的使用（20 分）	前面板介绍，各快捷键的主要作用	4 分			
	校零：让灯具处于非点亮状态；按下主机前面板的"校零"快捷键；在提示"校零完成"后，自动恢复到之前的状态	4 分			
	光通量测试：测试前把主机切换到"光通量测试"模式，并确认积分球装置已经连接到测试主机，等待灯具点亮即可进行测试	4 分			
	在测试界面下按"←"键清除当前电流值，再按数字键输入需要的电流值，最后按"确认"键使设置生效	4 分			
	根据需求进行选择，使用前需要进行校准（使用校准软件）	4 分			
3. 功率计的使用（24 分）	仪器前面板介绍，各快捷键的主要作用	6 分			
	仪器应在预热 15min 后，才可以进入稳定状态；当天测量完毕后，应关闭仪器电源，并拔下插头，以防可能的雷击造成仪器的损坏	6 分			
	切断仪器电源后，应等待 10s 以上才能再次上电，严禁在短时间内反复开关电源	6 分			
	用户一般使用时只需按电源开关即可，其他程序参数厂商已设置好，但要做好记录	6 分			
4. 数控电源的使用（15 分）	数控电源是给测试灯（具）提供电能的仪器设备，在实际应用时只会使用一种数控电源给电灯供电，通过直流/交流"电源切换"开关更换	5 分			
	待测 LED 电灯是交流供电的，则打开交流数控电源开关，同时将"电源切换"置于空档，然后安装待测试灯（具），安装好电灯后把开关置于对应的交流档	5 分			
	测试完毕后，也要先将"电源切换"置于空档，然后拆卸待测灯（具）	5 分			
5. 光色电综合测试系统（21 分）	正向电压测量 1～45V	3 分			
	驱动电流 0～5A	3 分			
	光通量测量 0～4000lm	3 分			
	波长范围 380～780nm	3 分			
	显色指数 0～100	3 分			
	色品坐标 X、Y 和 U、V	3 分			
	色温 1300～25000K	3 分			
总分		100 分			
总评	自评（20%）+ 互评（20%）+ 师评（60%）=	综合等级		教师（签名）：	

任务二　配光曲线测试

学习目标

1. 了解配光曲线测试内容、配光曲线测试的表示方法。
2. 学会绘制测试流程图、记录测试数据。
3. 能完成联机测试，能掌握常用测量仪器的操作方法。
4. 学会计算机测试软件的使用，较熟练完成软件设置。
5. 学会导出测试数据报表，解决问题，分析数据后完成质量较高的实训报告。

相关知识

配光曲线测试是指测试光源（或灯具）在空间各个方向的光强分布。

配光曲线测试的表示方法：配光曲线测试一般有三种表示方法，即极坐标法、等光强法和直角坐标法。

1. 极坐标配光曲线

在通过光源中心的测光平面上，测出灯具在不同角度的光强值，如图 5-13 所示。从某一方向起，以角度为函数，将各角度的光强用矢量标注出来，连接矢量顶端的曲线就是照明灯具的极坐标配光曲线。

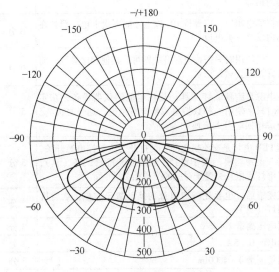

图 5-13　极坐标配光曲线

2. 等光强曲线图

将光强相等的矢量顶端连接起来的曲线称为等光强曲线，将相邻等光强曲线的值按一定比例排列，画出一系列的等光强曲线所组成的图称为等光强图，常用的图有圆形网图、矩形网图与正弧网图，如图 5-14 所示。

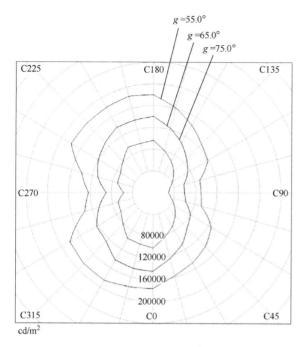

图 5-14　等光强曲线图

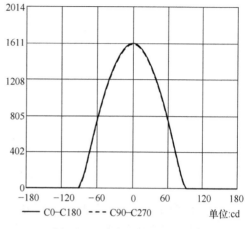

图 5-15　直角坐标配光曲线

3. 直角坐标配光曲线

对于聚光型灯具，由于光束集中在十分狭小的空间立体角内，很难用极坐标来表达其光强度的空间分布状况，就采用直角坐标配光曲线表示法，以竖轴表示光强，以横轴表示光束的投角，如果是具有对称旋转轴的灯具则只需一条配光曲线来表示，如果是不对称灯具则需多条配光曲线表示，如图 5-15 所示。

任务细分

通过初始化检测后进入操作界面。测试流程如图 5-16 所示。

图 5-16　测试流程图

任务准备

1）打开系统柜电源开关，如图 5-17 所示。依次打开系统柜主机、功率计和交流数控电源等各仪器的电源开关，同时数控电源的切换开关置于空档。按下主机上的光通量按钮。

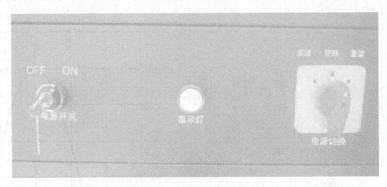

图 5-17　系统柜电源开关

2）检查系统柜的输出接口和积分球输入电源接口接线是否正确，然后安装待测 LED 光源（切记，安装和拆卸光源的电源切换开关一律打在空档位置），关闭好积分球。

3）在计算机上打开测试软件，操作测试软件前，用户必须先进行硬件系统和串口的连接。

任务实施

一、基础配置

在主界面中点选基本曲线，此时所有菜单、快捷按钮都对应到基本曲线的操作。然后在菜单中点击"设置→测试设置"，或直接单击快捷按钮的"测试设置"，即可打开基本曲线的测试设置界面。测试设置的操作过程如图 5-18 所示。

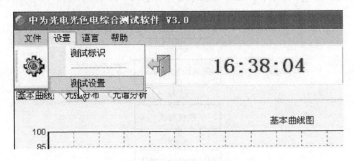

图 5-18　测试设置的操作过程

完成所有参数设置后，单击"确认设置"，即完成测试设置，设置的参数值显示到基本曲线的显示界面上，如图 5-19 所示。

打开光谱分析的测试设置界面。设置过程如图 5-20 所示。

电参数设置页面说明，如图 5-21 所示，ZWL－600 只支持恒流输出，ZWL－8105 支持恒压及恒流输出。不论在何种供电方式下，勾选读光通量都会从 ZWL－600 主机读取光通量。

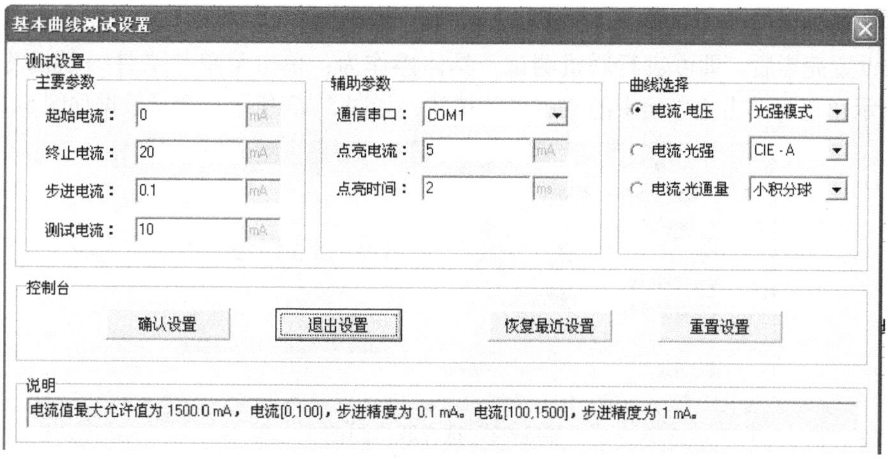

图 5-19　确认设置

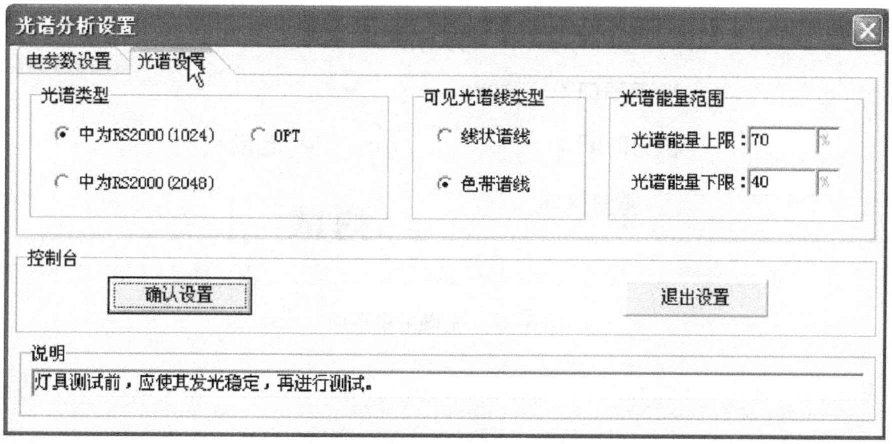

图 5-20　光谱分析的测试设置

ZWL - 600 通信串口自动匹配，不需要用户选择，其他串口需要用户选择。勾选"连接功率计"，挑选好通信串口，其他设置都为 0。

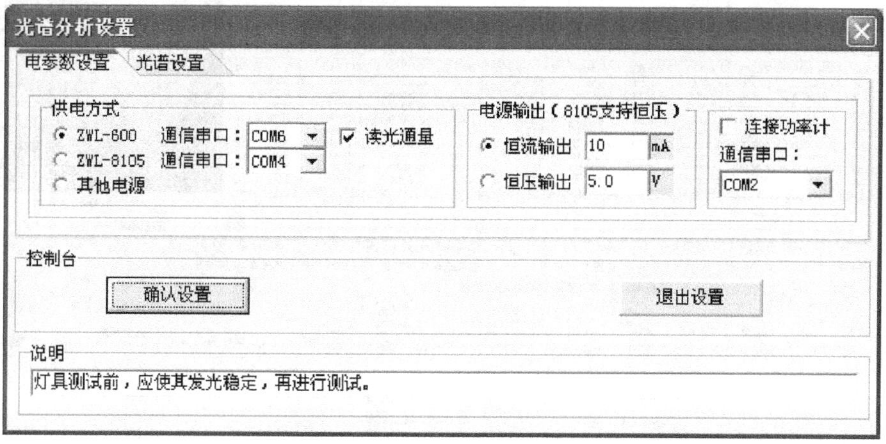

图 5-21　电参数设置

二、联机测试

参数设置完毕后，即可进行联机测试，具体操作为：单击菜单"文件→联机测试"，如图 5-22 所示；也可单击主界面中的"测试"按钮，如图 5-23 所示；测试数据如图 5-24 所示。

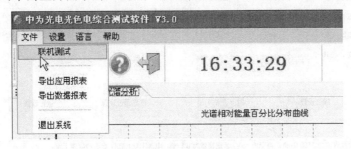

图 5-22　选择联机测试

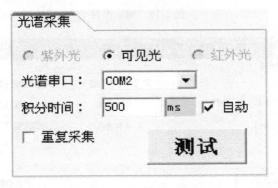

图 5-23　光谱采集界面

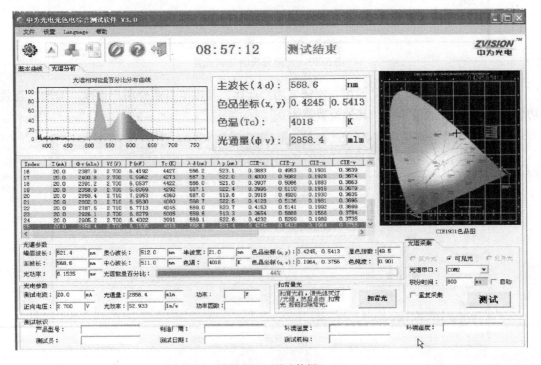

图 5-24　测试数据

三、计算机测试软件及使用

软件的功能同系统的输入源机构、输出接收机构之间的关系框图如图 5-25 所示。

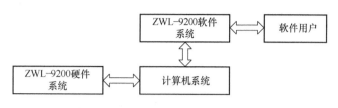

图 5-25 测试软件系统框图

安装好测试软件后，双击 ZWL – 9200 文件图标，即可启动软件。启动界面如图 5-26 所示。

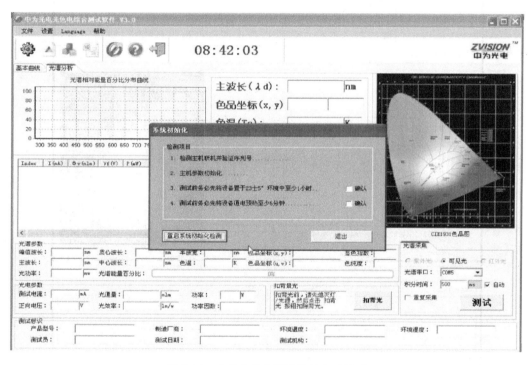

图 5-26 光色电综合测试软件启动界面

软件启动前，应该确保 ZWL – 9200 主机已经正确连接。开始系统初始化检测，检测过程会自动进行，如果发现问题，系统会提示出错，用户根据提示进行相应操作后。再点击重启系统初始化检测，再次检测系统。检测通过后，系统会自动关闭系统初始化界面并进入操作界面。

四、测试数据报表导出

测试完成后，用户可根据需要进行应用报表、数据报表的打印，通常采用导出 PDF 格式文件的测试报告，保存好电子档数据文件，如图 5-27、图 5-28 所示。

其中测试报告里的"测试标识"内容可在测试设置步骤里进行内容添加。

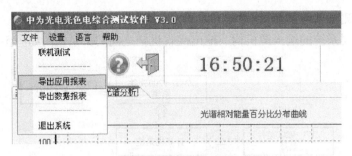

图 5-27 导出测试报告

灯具光色电测试系统测试报告

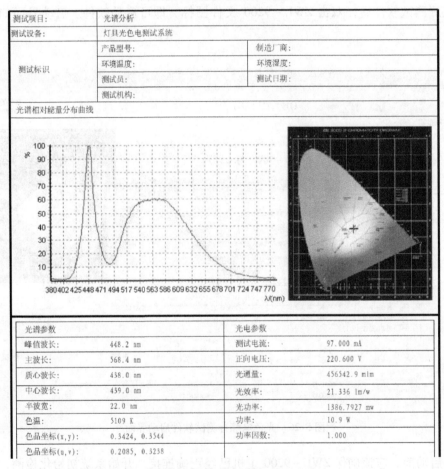

测试项目：	光谱分析		
测试设备：	灯具光色电测试系统		
测试标识	产品型号：		制造厂商：
	环境温度：		环境湿度：
	测试员：		测试日期：
	测试机构：		

光谱相对能量分布曲线

光谱参数		光电参数	
峰值波长：	448.2 nm	测试电流：	97.000 mA
主波长：	568.4 nm	正向电压：	220.600 V
质心波长：	438.0 nm	光通量：	456542.9 mlm
中心波长：	439.0 nm	光效率：	21.336 lm/w
半波宽：	22.0 nm	光功率：	1386.7927 mw
色温：	5109 K	功率：	10.9 W
色品坐标(x,y)：	0.3424, 0.3544	功率因数：	1.000
色品坐标(u,v)：	0.2085, 0.3238		

图 5-28 灯具光色电测试系统测试报告

五、关闭测试软件

系统柜切换到空档位置，拆卸 LED 光源，关闭好积分球，系统柜从上到下依次关闭仪器开关，最后关闭系统柜电源总开关。

任务评价

通过自评、互评、教师评相结合等方式，评判配光曲线测试过程和数据报告。

配光曲线测试评价表

项目名称	评价内容	分值	评价分数		
			学生自评	小组互评	教师评价
1. 基础配置（30分）	在主界面中点选基本曲线，确认所有菜单、快捷按钮是否对应基本曲线的操作	6分			
	在菜单中单击"设置→测试设置"，或直接单击快捷按钮的"测试设置"，是否打开基本曲线的测试设置界面	6分			
	完成参数设置后，单击"确认设置"，即完成测试设置，设置的参数值是否显示到基本曲线的显示界面上	5分			
	是否准确设置光谱分析的测试设置界面	5分			
	勾选读光通量，是否会从 ZWL－600 主机读取光通量	4分			
	勾选"连接功率计"，挑选好通信串口，其他设置都为0，参数设置完毕	4分			
2. 联机测试（50分）	联机测试，具体操作为：单击菜单"文件→联机测试"或直接单击快捷按钮的"联机测试"，也可单击主界面中的"测试"按钮	6分			
	把主机切换到"光通量测试"模式，并确认积分球装置已经连接到测试主机，等待灯具点亮即可进行测试	5分			
	在测试界面按下"←"键清除当前电流值，再按下数字键输入需要的电流值，最后按"确认"键使设置生效	6分			
	安装好测试软件后，双击文件图标打开，启动软件，确保主机正确连接	5分			
	开始系统初始化检测，确保检测过程是否自动进行	5分			
	如果发现问题，系统会提示出错，用户根据提示进行相应操作后。再单击重启系统初始化检测，再次检测系统	6分			
	进行光通量测试时，有三种积分球型号可以选择，在"光通量测试"模式下，按"设置"键	5分			
	根据测试的需求进行选择，使用前需要进行校准（使用校准软件）	6分			
	测试通过后，系统会自动关闭系统初始化界面并进入操作界面	6分			
3. 导出测试数据报表、关闭系统（20分）	测试完成后，用户可根据需要进行应用报表、数据报表的打印，通常采用导出 PDF 格式文件的测试报告，保存好电子档数据文件	6分			
	在测试报告里的"测试标识"内容，验证可否在测试设置步骤里进行内容添加	5分			
	系统柜切换到空档位置，拆卸 LED 光源	3分			
	关闭好积分球、测试主机、数显功率计、高精度直流稳压电源、交流稳压电源、机柜仪器及主要接口	3分			
	从上到下依次关闭系统柜开关，最后关闭系统柜电源总开关	3分			
总分		100分			
总评	自评（20%）+互评（20%）+师评（60%）=	综合等级		教师（签名）：	

151

任务三　简易照度计测试实验

学习目标

1. 了解光生伏特效应，对比同样是 PN 结，其工作原理的区别。

2. 理解照度计工作原理，了解简易自制仪器的部件。

3. 学会测量太阳光谱，能解释实验误差，提出改进意见。

4. 用自制的照度计验证照度相关定律。

5. 使用照度积分法测量光通量，与前面使用积分球测量光源光通量对比，学会分析问题原因。

6. 提高自我创造的能力，掌握商用照度计等仪器的操作方法。

相关知识

硅光电池的工作原理是光生伏特效应。当光照射在硅光电池的 PN 结区时，会在半导体中激发出光生电子－空穴对。PN 结两边的光生电子－空穴对在内电场的作用下会分离，电子在 N 区的集结而空穴在 P 区的集结，使 P 区带正电。P 区和 N 区之间产生光生电动势。当硅光电池接入负载后，光电流从 P 区经负载流至 N 区，在负载上产生电压降。

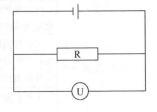

图 5-29　简易照度计
工作原理图

简易照度计工作原理如图 5-29 所示。硅光电池受到光照射时会在光电池两端产生电压降，电压大小和受到的光照强度成正比。把光电池接入电阻，电阻内就有电流流过，在电阻两端产生电压降。通过测量电阻两端的电压降可以判断出硅光电池产生的电势差强度，进而判断出光照强度大小。

任务细分

1）手工制作简易照度计，并利用照度计验证各种照度定律。

2）利用商用照度计和三棱镜测量不同光源的光谱，并和自制的照度计结合，判断测量结果。

3）利用商用光度测量仪器对实用光源进行光度学测量，并对测量数据进行简单的分析。

4）光强测量装置需要制备光阑，目的是把杂散光阻挡。在测量时应对每种光源，测量不同距离的 10 组以上的光强数据。用不同法向角度测量，也需要 10 组以上不同的光强数据。

5）白炽灯接通电源后需要等待 20min 以上以达到稳定状态。在关闭电源后必须等待灯泡完全冷却后才可以再次开启。

6）单色仪的色散部分应可以适当地转动或通过移动探测器来测量不同波长的辐射强度。对不同波长的光强，请参考光谱光视效率函数与已知光谱辐射强度的光源来换算成相应的光强。

任务准备

1）耗材：硅光电池（2 片）、万用板、导线、电烙铁、暗室（自备）。

2）检查元件、工具是否齐备。

3）将两片硅光电池并联焊接在万用电路板上。

4）将焊接好的硅光电池安置在简易暗室内（自备），并保证硅光电池可以进行一定角度的转动（0°~90°）。

5）将电阻和硅光电池焊接形成负载电路，再将电路放置在暗室底部，让光线刚好可以从暗室开口处照射到硅光电池上，并让硅光电池可以绕自身转动一定的角度，如图 5-30 所示。

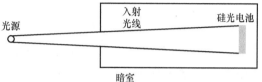

图 5-30 简易照度计结构图

任务实施

一、用自制的照度计验证照度相关定律

将自制的照度计和毫伏表连接，检测硅光电池是否正常工作，并验证二次方反比定律，具体操作步骤如下：

1）选择一个光源，将光源放在距离硅光电池足够近的距离上，让硅光电池始终正对光源，记录下硅光电池和光源的距离以及此时毫伏表的读数。

2）将光源移动到距离硅光电池较远的距离上，再次记录两者的距离和毫伏表读数。

3）逐次增加两者的距离，并记录下相应的距离和毫伏表读数，一共测量 10 次（10 个不同的距离）。

4）再选择 2 个不同的光源，重复上面的步骤。

5）在实训报告上做平面直角坐标系，以距离为 X 轴坐标，毫伏表读数为 Y 轴坐标，将数据点画在坐标系上。用光滑的曲线将数据点连接，观察曲线是否符合二次方反比定律。

验证余弦定律的具体操作步骤（见图 5-31）如下：

1）选择一个光源，将硅光电池放置在合适的位置，让硅光电池正对光源，记录下毫伏表读数（此时的角度 $\theta_1 = 0$）。

2）保持两者的距离不变，将硅光电池绕自身轴转动一个角度 θ_2（$\theta_2 \approx 10°$），如图 5-31 所示。记录下此时光线和硅光电池表面法线的夹角大小和毫伏表读数。

3）逐渐增大硅光电池转动角度，每次转动 10°左右，记录下每次转过角度和相应的毫伏表读数。一共测量 10 次（转动十次）。

4）选择另外 2 个不同的光源，重复上面的步骤。

5）在实训报告上做平面直角坐标系，以角度为 X 轴坐标，毫伏表读数为 Y 轴坐标，将数据点画在坐标系上并用光滑的曲线将数据点连接，观察曲线是否符合余弦定律。

6）使用便携式照度计重复上面的测量步骤，比较两种结果有什么差异。

二、测量太阳光谱

测量太阳光谱的步骤如下：

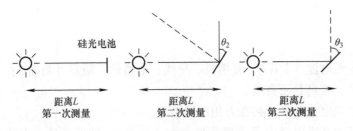

图 5-31　余弦定律的检验

1）用三棱镜将太阳光色散成七彩光谱。

2）利用照度计测量不同颜色的单色光辐射强度，单色仪原理如图 5-32 所示。

3）使用商用照度计测量不同颜色的单色光辐射强度。

4）做平面直角坐标系，以波长为 X 轴坐标，辐射强度为 Y 轴坐标，将测量结果画在坐标系上。

三、使用照度积分法测量光通量

1）学习商用分布式光度计的使用方法。

2）操作仪器，测量光源的光通量。

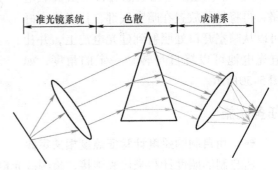

图 5-32　单色仪原理图

3）做平面直角坐标系，以波长为 X 轴坐标，辐射强度为 Y 轴坐标，将测量结果画在坐标系上。

四、使用积分球测量光源光通量

1. 学习远方公司生产的积分球仪器、标准灯校准操作流程

1）检查电路、仪器是否正常工作。积分球电路负载暂时不接通。

2）使用手套将标准灯取出，灯头向下安装在积分球灯头上。关闭积分球外壳。

3）打开仪器与电脑电源，运行程序，确认恒流源输出为 0。用负载线将积分球底部插座的 1 号、3 号插座和控制箱底部的直流负载插座进行连接。

4）按照标准灯附属文件说明输入功率等电参数，其中实际输入电压应比标定电压高 3～5V。输入电流应比标定电流小 2～3A。等待 10min 以使标准灯进入稳定工作状态。

5）将输入电流设定为标定电流，输入其他光学量进行标定。

6）标定完成后，将恒流源输出设定为 0，并等待 5min 以使标准灯冷却。

7）打开积分球外壳，用手套取下标准灯收回盒内。

2. 学习积分球的操作流程

1）打开积分球外壳，安装光源，连接电路，关闭积分球。

2）运行测量程序，输入相关参数。等待光源进入稳定工作状态。

3）开始测量。

4）测量结束，取下光源，保存数据。

任务评价

通过自评、互评、教师评相结合等方式，评判试验过程、数据。

照度计测试实验过程评价表

项目名称	评价内容	分值	评价分数		
			学生自评	小组互评	教师评价
1. 任务准备（20分）	准备耗材：硅光电池（2片）、万用板、导线、电烙铁、暗室（自备）	4分			
	检查元件、工具是否齐备	4分			
	将两片硅光电池并联焊接在万用电路板上	4分			
	将焊接好的硅光电池安置在简易暗室内（自备），并保证硅光电池可以进行一定角度的转动（0°~90°）	4分			
	将电阻和硅光电池焊接形成负载电路，再将电路放置在暗室底部，让光线刚好可以从暗室开口处照射到硅光电池上，并让硅光电池可以绕自身转动一定的角度	4分			
2. 用自制的照度计验证照度相关定律（20分）	将自制的照度计和毫伏表连接，检测硅光电池是否正常工作	4分			
	验证二次方反比定律验证余弦定律	8分			
	验证余弦定律	8分			
3. 测量太阳光谱（24分）	用三棱镜将太阳光色散成七彩光谱	6分			
	利用照度计测量不同颜色的单色光辐射强度	6分			
	使用商用照度计测量不同颜色的单色光辐射强度	6分			
	做平面直角坐标系，以波长为 X 轴坐标，辐射强度为 Y 轴坐标，将测量结果画在坐标系上	6分			
4. 使用照度积分法测量光通量（12分）	学习商用分布式光度计的使用方法	4分			
	操作仪器，测量光源的光通量	4分			
	做平面直角坐标系，以波长为 X 轴坐标，辐射强度为 Y 轴坐标，将测量结果画在坐标系上	4分			
5. 使用积分球测量光源光通量（24分）	学习远方公司生产的积分球仪器、标准灯校准操作流程	5分			
	打开积分球外壳，安装光源，连接电路，关闭积分球	5分			
	运行测量程序，输入相关参数。等待光源进入稳定工作状态	5分			
	开始测量，做好数据记录	5分			
	测量结束，取下光源，保存数据	4分			
总分		100分			
总评	自评（20%）+ 互评（20%）+ 师评（60%）=	综合等级		教师（签名）：	

思 考 题

（一）填空题

1. （固晶、焊线、点胶）自检合格，盖章后转入_____区。

2. 贴片式分光机器_____天校验一次，注意切勿_____；确认，盖章，记数。

3. 分光的主要作用是对灯珠的_____度和_____度进行检验。

4. 分光的作用除了检验灯珠的光度和色度之外，还可检验灯珠_____学特性的好坏。

5. 质检员需对分光机器及物料进行_____，主要是检验_____和_____。

6. 质检员还需_____分光机的参数以及已分光材料。

7. 质检员分光检验后的物料转至_____区。

8. 分光的主要作用是对灯珠的_____度和_____度进行检验。

（二）简答题

1. LED 灯具检测设备都有哪些？

2. 光强计和积分球系统可以测试 LED 的哪些参数？

3. LED 光色电参数综合测试仪的主要功能和特点有哪些？

4. 光色电综合测试系统的操作流程是怎么样的？

5. 固晶蓝色/绿色/红色检验的主要工作有哪些？

6. 质检员的固晶检验工序的主要工作有哪些？

7. 质检员进行焊线检验要做哪些具体工作？

8. 质检员检验焊小线的主要工作有哪些？

9. 原物料检验要做哪些具体工作？

10. 贴片点胶质检员检验要注意哪几点？

11. 贴片分光质检员检验要做哪些具体工作？

12. 质检员编带检验要做什么？

项目六 LED封装工艺与生产实训 6

项目导入

为了更好理解运用理论知识，并运用于实际工作中，本书加入本实训项目，以达到如下目的。

1）加深对课程内容的认识和理解，能够运用所学的理论知识分析和解答实验现象，能够分析和处理实际问题。

2）了解LED封装技术中固晶的原理和作用，掌握手动固晶及自动固晶流程的扩晶、点银胶、固晶、固化等工序。

3）了解超声波焊线机的基本原理与结构，掌握正确使用超声波焊接机的方法，学会芯片焊线的节奏技巧。

4）掌握配胶、点胶、点粉工艺，学会配制胶水，掌握材料功用，能规范使用各类仪器设备等。

5）理解LED封装测试的意义和目的，了解LED芯片、灯珠、灯板各项指标的测试，学会利用仪器完成光、色、电、热参数的测量。

6）利用学习到的灯珠指标、特性，设计一款LED灯，完成自制LED灯具的电气性能测试，分析其材料、结构、工艺和电气参数等。

实训报告要求

1. 做好预习，认真观察实验现象和记录实训数据。

2. 能解答实验现象，能对实训中遇到的问题进行讨论，能有较深刻的分析并提出合理的解决方案。

3. 参阅相关专业书籍或互联网，正确书写实验报告、心得体会。

实训任务一 认识晶圆、扩晶

1. 实训目的

由于LED晶圆（Wafer）在划片后依然排列紧密、间距很小，不利于固晶、测试等操作，故首先利用粘接芯片的膜进行扩张，扩晶后，LED芯片的间距得到拉伸、晶粒间距得到扩大。一般采用半自动扩晶机进行扩晶（扩片）。通过实训学习，可较好地掌握用翻晶膜替代芯片膜、安装扩晶环、操作扩晶机等操作，加强理解芯片知识，掌握扩晶要领，认识半导体工艺和操作工序的重要性。

2. 实训物料

芯片、记号笔、蓝膜（翻晶膜）、装料钢盘等。

3. 使用工具、仪器或设备

干燥箱、扩晶子母环、显微镜、扩晶机、负离子风扇、剪刀、手指套、静电手环。

4. 作业方法、步骤

工序	作业步骤	图示	作业内容描述
扩晶前准备	1. 将手环接地	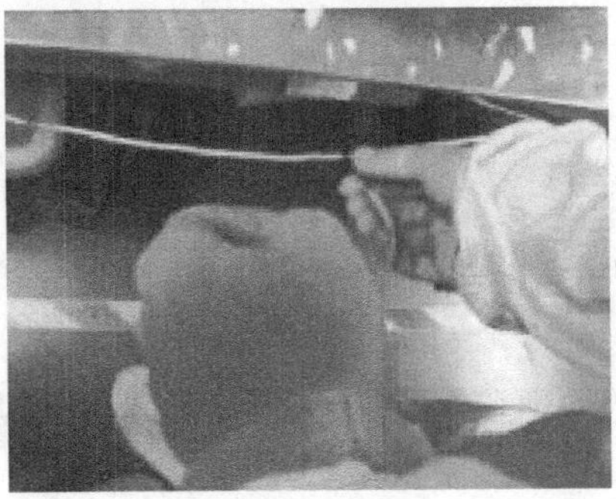	1. 扩晶工作台必须有地线接地 2. 将静电手环夹子接地 3. 打开扩晶机电源，设置扩晶台温度为50℃
	2. 拿取芯片蓝膜和扩晶环		1. 从干燥箱芯片储放盒中拿取芯片蓝膜和扩晶环 2. 需用双手同时拿住芯片蓝膜边缘，每次最多拿两张 3. 单张芯片数量较少时，生产上可允许一次扩三张芯片
卷边	将芯片盘多余蓝膜卷边待用	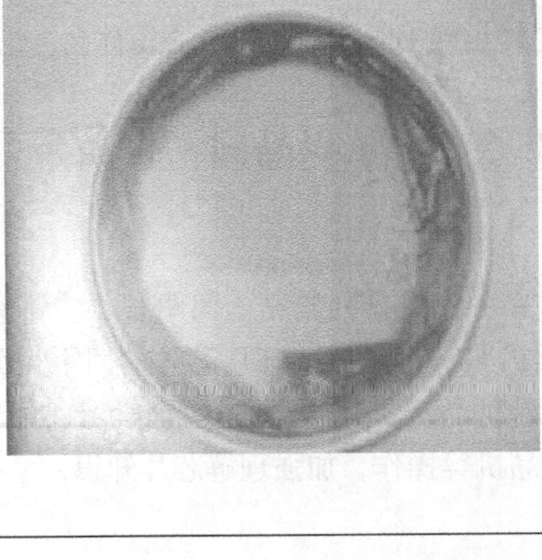	1. 将芯片盘多余蓝膜沿子环边缘朝子环内圈卷起 2. 不可有卷起的蓝膜与芯片重叠

（续）

工序	作业步骤	图示	作业内容描述
扩晶	1. 打开上压盖，将子环放入	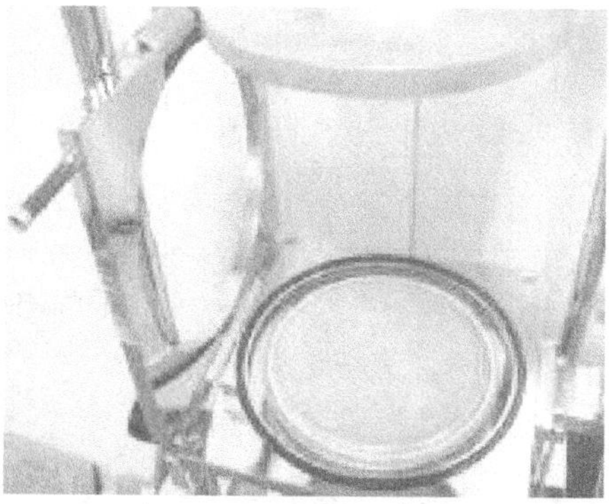	1. 将子母环的子环放置在扩晶圆盘上 2. 子环的光滑面朝上，将边缘压平，不可有翘起 3. 扩晶环里面的小环为子环
	2. 将芯片蓝膜平放在扩晶圆盘上	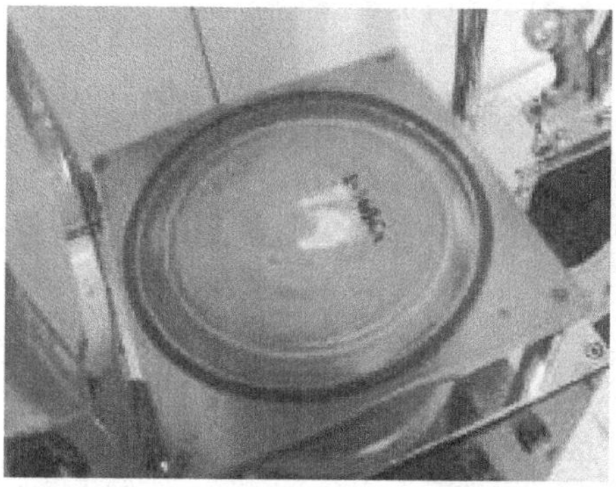	1. 将芯片蓝膜平放于扩晶圆盘上 2. 使芯片在圆盘中心位置 3. 蓝膜四周要与扩晶平台四周对齐
	3. 锁紧扩晶圆盘上压板		将扩晶圆盘上压板放下并均匀压住蓝膜四周，同时按下把手，锁紧上压板
	4. 按扩晶机气缸上升键，扩晶圆盘上升		1. 确认芯片蓝膜已被压住且把手已被锁紧 2. 按扩晶机气缸上升键，扩晶圆盘上升 4～6cm，使蓝膜被拉紧 3. 扩晶圆盘上升高度最上限为 6cm

（续）

工序	作业步骤	图示	作业内容描述
扩晶	5. 放入母环	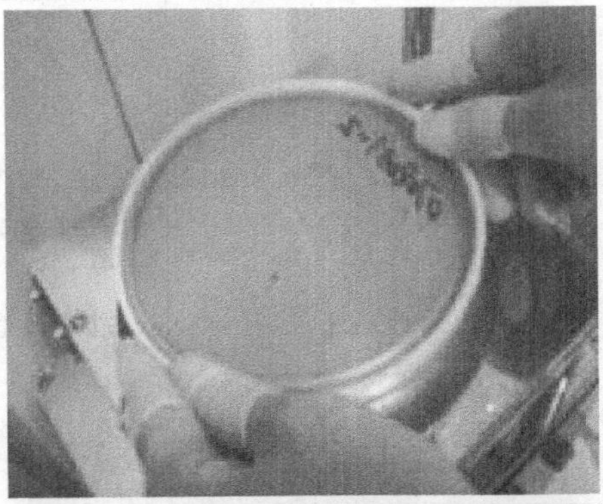	1. 将母环套在子环上，母环的光滑面朝下，放平 2. 扩晶环外面的大环为母环
	6. 按扩晶机气缸下降键	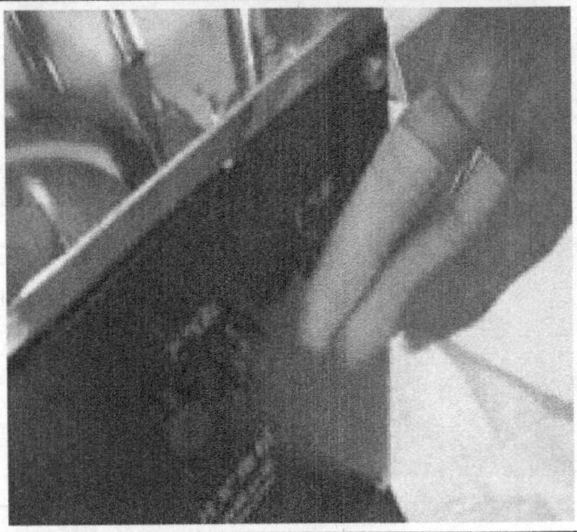	1. 按扩晶机气缸下降键，扩晶机上压盖压下 2. 再按扩晶机气缸上升键，扩晶机上压盖上升，取出芯片盘，检查子环与母环是否保持水平一致 3. 若未达到要求，需重新放置于扩晶机上校压；为防止重复校压动作，可在第一次上压盖压下动作时，重复一次此动作 4. 上压盖压下，芯片扩晶完成

5. 实训要点

通过热胀冷缩原理扩大芯片之间的距离并使晶圆膜绷紧在扩晶环上，方便固晶。扩晶机使用和工序流程要点如下。

1）接入交流220V电源，打开气动力管道，打开扩晶机电源开关和温控开关，将调温器调至50℃左右（冬天调至70℃左右）。

2）经过10min待扩晶机升温到预设温度时，轻轻按动扩晶机上的红色按钮，将加热盘（下气缸）缓慢升到合适的高度（调节下气缸定位螺母来调整发热盘最大升起的高度并保证高度一样，不同高度扩开的芯片的距离不一样），将子环套在发热盘上。

3）将晶圆膜放在发热盘正中央，注意芯片朝上。

4）将母环套于子环上，注意卡口的正反、对位。

5）用压晶模（上气缸）将母环压到加热盘底，将扩好的芯片取出，再按下扩晶机上的绿色按钮使发热盘恢复原位。

6）用剪刀将露出子母环外的胶纸割掉，再在膜上注明具体芯片规格及数量等。

6. 实训注意事项

1）注意安全，扩晶时一个人操作，谨防夹伤手指。

2）检查芯片晶圆直径，若超过加热盘规定范围，则不能扩晶。

3）扩晶前，应放在显微镜下检查芯片是否有异常，如检查是否存在芯片反向、电极方向排列错误、电极损坏等问题。

4）胶纸切勿放反，以免将芯片压坏（芯片朝上、胶纸朝下）。

5）套子环时需将弧形光滑的一边朝上，以防刮破胶膜。

6）注意胶带置于加热盘上时需超出压环。

7）母环需均匀平行向下使其压到加热盘底。

8）如生产蓝光、蓝绿光等高档 LED 芯片，要保证扩晶机正确接地，且需吹负离子风。

9）芯片扩张间距要适中，不能有过宽或过密现象，两张芯片间距保持为 1 ~ 2 个芯片的距离。

7. 实训作业记录单

工序	作业步骤	主要数据、关键信息	作业内容描述
扩晶前准备	1. 将手环接地		
	2. 拿取芯片蓝膜和扩晶环		
卷边	将芯片盘多余蓝膜卷边待用		
扩晶	1. 打开上压盖，将子环放入		
	2. 将芯片蓝膜平放在扩晶圆盘上		
	3. 锁紧扩晶圆盘上压板		
	4. 按扩晶机气缸上升键，扩晶圆盘上升		
	5. 放入母环		
	6. 按扩晶机气缸的下降键		

实训任务二　手动点银胶、固晶

1. 实训目的

1）了解银（绝缘）胶、专业自动化固晶胶的作用、使用方法和存放规则。

2）理解 LED 封装技术中固晶的操作和作用。

3）掌握手动固晶流程的刷银胶、固晶、烘烤等工序。

2. 实训物料

显微镜、红光芯片、银胶、0.5in 电路板、支架。

3. 使用工具、仪器或设备

固晶笔、备胶机、台灯、剪刀、刷子、搅拌玻璃棒、玻璃容器、固晶座、固晶拖板、负离子风扇、装料钢盘、烤箱、记号笔等。

4. 作业方法、步骤

银胶成分为树脂、银粉、硬化剂，其中银粉含量为 65% ~ 70%，其作用是导电、散热和固定芯片。

（1）银胶回温

使用前一天应将银胶由电冰箱的冷冻室改放到冷藏室保存。使用时，从电冰箱内取出银胶，置于室温下进行回温（常温 20℃，湿度 85% 以下）。回温时的相关注意事项如下：

1）分装容器要洁净，分装之后的银胶建议 3 ~ 5 次用完。

2）回温达到规定时间后，先用布擦干瓶罐表面，并查看瓶罐表层是否沾有水汽，如沾有水汽，应继续回温，使其自由蒸发完全方可。

3）因银胶内含有硬化剂和银粉，其厚度为 0.1 ~ 0.2mm，所以需充分搅拌，与树脂完全混合。

4）银胶为悬浮物，如久置不使用会使银粉与树脂发生分离（银粉在底层，树脂在上层），故分装的银胶最好配合产量一天内使用完毕。

（2）银胶搅拌

银胶回温后开罐，再用玻璃棒或不锈钢棒进行搅拌；搅拌方式为自下而上全方位搅拌，时间 10min 以上，搅拌速度不宜过快，以免空气混入。

操作时应注意，搅拌棒需用丙酮等溶液清洗干净方可使用；未使用完的银胶，需将残留在罐内侧或罐盖的银胶清理干净，以防久置而凝固，从而造成银胶出现较大颗粒。

（3）涂银胶

将搅拌好的银胶均匀涂在备胶机工作槽上；然后将扩晶膜（芯片朝下）小心置于刷胶机夹具上，轻轻提起工作槽并用刷子沿同一方向涂刷扩晶膜，使银胶涂于芯片上。注意银胶高度为芯片高度的 1/4 ~ 1/3。

（4）手动固晶（刺片）

① 将扩晶后、涂好银胶的芯片膜放在固晶座的框架上，并用手将其按到底部且保持水平。

② 将待固晶的电路板平整固定在拖板支架上。

③ 通过固晶座的四个螺钉调节好电路板（或支架）与芯片间的距离。

④ 调节显微镜观察到清晰的芯片和电路板图像。

⑤ 左手抓住拖板，右手持固晶笔（见图 6-1），在显微镜下将芯片轻轻地固定在电路板相应的位置（见图 6-2）。

（5）烘烤

① 开启烤箱电源总开关、加热开关、计时开关、风机开关。

② 设定温度表至所需温度（如设定温度为 150℃）。

③ 当升温完成后，再将烤箱超温保护调至所需温度（LED 超温设定温度为 152℃左右）。

④ 烤箱先进行空箱烘烤 10min 除湿。

⑤ 将固晶好的电路板整齐粘在装料钢盘（钢盘贴有双面胶）上，烘烤时间为 90min，其中前 30min 银胶基本硬化，后 60min 保证结合度。必须一次性烤干，若有软化、松动现象，为前一次未烤干、取出材料后空气进入银胶再次加温膨胀导致的结合度变差。

⑥ 烘干硬化后不能立即从烤箱中取出，应待其自然冷却后再取出。

⑦ 材料进出烤箱时需正确填写生产型号、数量、进出烤箱时间等。

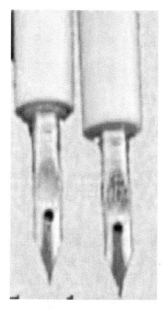

图6-1　固晶笔

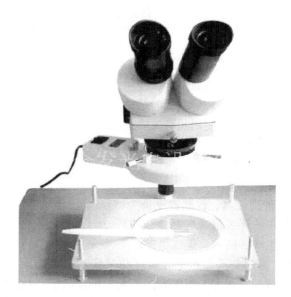

图6-2　固晶座

5. 实训注意事项

1）严禁烘烤易燃、易爆、有剧毒化学物品。

2）烤箱是高温作业设备，在使用时，手及其他身体部位不要直接接触烤箱内任何物体，以免烫伤。

3）烤箱设备配电箱内电源为380V，如电源控制出现故障需要维修时，必须切断电源再维修，不得随意打开控制箱，以免发生危险。

4）需定时测量烤箱内（全方位）的温度是否在标准误差范围内。

5）注意接地线必须可靠接地，黑色为零线，黄色为地线。

6）烤箱需定时清洁保养（每月需进行大保养一次）。

6. 实训作业记录单

工序	作业步骤	主要数据、关键信息	作业内容描述
手动点银胶、固晶	银胶回温		
	银胶搅拌		
	涂银胶		
	手动固晶（刺片）		
	烘烤		

实训任务三 超声波焊线

1. 实训目的

1）熟悉实训仪器，合理使用显微镜，理解超声焊接的原理。

2）了解超声波焊线机的结构，熟悉操控面板上各个按钮的意义。

3）掌握正确使用超声波焊线机的方法，以及对数码管芯片进行焊接。

4）掌握焊接质量的检查及结构的观察。

2. 实训物料

芯片、料盒、金线。

3. 使用工具、仪器或设备

超声波焊线机（包括显微镜）、操作工作台、镊子、瓷嘴、油性笔、圆珠笔等。

如图 6-3 所示，焊线机的焊头架采用垂直导轨上下运动方式（Z 向运动），二焊移动（跨距）通过焊头架水平导轨运动来实现（Y 向运动），两种运动均采用步进电动机驱动，因此本机的一焊和二焊的瞄准高度、拱丝高度、跳线距离均可通过设定的步进电动机参数来控制，从而保证了焊接质量稳定、焊点控制精确、焊线重复率高、拱丝高度一致性好的优点。焊线机的二焊点可设定为自动焊接，操作者只需要按一下操纵盒上的焊接按钮即可按照程序员设定的参数完成整个焊接过程，使焊接速度更快，可大幅提高单班产量。

图 6-3 超声波焊线机

由于使用的焊线机具有定量记忆铝丝参数（如线距、检查高度、拱丝高度）的特殊功能，所以如将记忆功能设置为"保持"位置，可进行数码管、点阵板或背光源的绑定作业。图 6-3 左侧机型的主要技术参数如下：

1）铝丝直径：18～50μm。

2）对应劈刀：外径 1.6mm，长度 21mm。

3）焊接角度：30°，45°。

4）焊线跨度：0～10mm。

5）焊线弧度：0～6rad。

6）超声波（2 通道）：焊接功率为 0～5W，焊接时间为 5～200ms。

7）焊接压力调节范围：10～60g（2 通道，电磁调整）。

8）工作台半径：160mm。

9）焊线范围：20mm×20mm。

10）显微镜放大倍数：两档，15倍、30倍两种。

4. 作业方法、步骤

（1）调节超声波焊线机

1）开机，包括电源、控制器和小灯。

2）把样品粘在塑料小座表面，放在工作台劈刀下。

3）调节显微镜，本机的显微镜有三个方向可以调节，对准样品台上的样品（包括劈刀），使得样品和劈刀的刀尖都看清楚。

4）在操作面板上，把焊接方式打开到"分步焊"处，调节方式打开到"调节"处。

5）在进行第一次焊接时，机器进行自动定位。然后进行一焊，按住焊接按钮（不要放），通过显微镜观察焊接的高度是否合适，在操作面板上旋动"调节"按钮，进行焊接的高度调节，针头距离样品表面有一个针尖的距离为佳。

6）松手，完成一焊后，可调节"拱距"和"跨距"，分别对后面焊线的高度和跨度进行调节，使的焊线在合理的范围内。

7）然后进行二焊。观察焊线是否在两个焊点处，并检查焊接质量。如果不佳，可用镊子给予剔除，重新回到步骤6）进行定位和调节。

8）当焊接调节到相当熟悉后，可进行"连续焊""自动焊"，一次性可以把两个焊点焊好。

（2）焊接芯片的步骤

焊线作业的步骤参见项目三中表3-11。关于焊线的其他一些说明如下：

1）部分焊线不良图示说明，见表6-1。

表6-1　部分焊线不良图

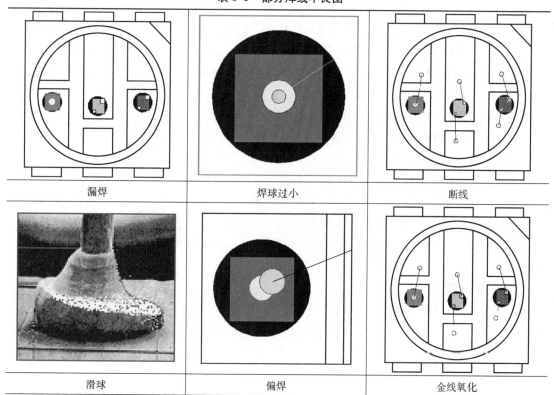

漏焊	焊球过小	断线
滑球	偏焊	金线氧化

（续）

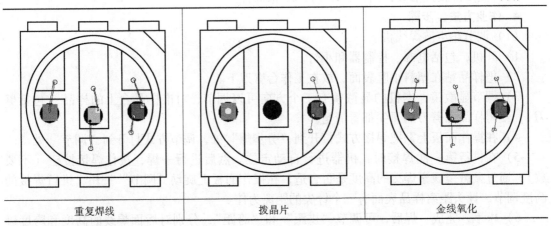

| 重复焊线 | 拨晶片 | 金线氧化 |

2）焊线规格说明。

① 线弧高度规格：1/2 杯深 ≤ 线弧最高点 ≤ 2/3 杯深。

② 焊球大小规格：0.8mil 金线，焊球大小在 2.45mil ~ 晶片 PAD 尺寸（调机中心值：2.6mil）。

0.9mil 金线，红管焊球大小在 2.6mil ~ 晶片 PAD 尺寸，蓝绿管焊球大小在 2.3mil ~ 晶片 PAD 尺寸（在保证焊线推拉力的情况下，焊球尽量调小以保证晶片亮度）。

③ 二焊点鱼尾大小规格。

对于 0.8mil 金线，首件：2.1 ~ 2.5mil；自主、巡检：2.0 ~ 2.6mil（调机中心值：2.3mil）。

对于 0.9mil 金线，首件：红管 2.0 ~ 2.3mil，蓝绿管 2.5 ~ 3.1mil；自主、巡检：红管 1.9 ~ 2.4mil，蓝绿管 2.4 ~ 3.2mil（调机中心值：红管 2.2mil，蓝绿管 2.8mil）。

④ 二焊点焊球球形大小规格（焊完线后测量）。0.8mil 金线，二焊点焊球球形大小：2.9 ~ 3.5mil（调机中心值：3.2mil）。

⑤ 金线/铜线拉力大小要求。0.8mil 金线拉力大小规格：大于 3.5g。

⑥ 断点位置说明，见图 6-4。图中，A 表示焊球与焊垫脱离，B 表示焊球颈部断裂，C 表示正常断裂，D 表示二焊点焊球颈部断裂（鱼尾断裂），E 表示二焊点焊球（鱼尾）与支架脱离，F 表示焊垫崩裂或拨焊垫，注：拉力位置为线弧最高点。

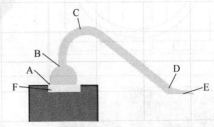

图 6-4　断点位置标志

⑦ 推力大小要求。0.8mil 焊球推力大小规格：大于 30g。

3）焊线位置说明。

① 特殊焊线位置及区域参照对应《量产规格书》。

② 一般情况下焊线位置及焊线状况，如图 6-5 所示。

4）部分焊线检验项目说明，见表 6-2。

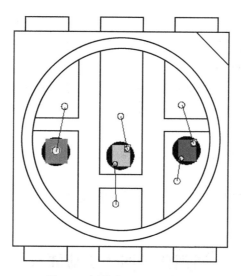

图6-5　焊线位置及焊线状况

表6-2　部分焊线检验项目说明

项目	图面说明	内容叙述	处理方式
漏焊		无金线/漏焊/飞线	1. 需进行金线流出路径清洁 2. 调整线弧高度
断线		金线断线	1. 需进行金线流出路径清洁 2. 检查瓷嘴是否损坏 3. 不可补线,将金线或焊球挑掉
滑球		焊球球形不符合规格要求	1. 需进行金线流出路径清洁 2. 检查瓷嘴是否损坏

5. 实训注意事项

1）控制面板上的"复位"是指劈刀回到开机前的初始状态的高度。在遇到劈刀过低时，可调节"复位"来进行重新操作。

2）控制面板上的一焊和二焊的功率、焊接时间、焊接压力都处于正确位置。

3）如果焊接过程中遇到塑料表面，容易造成断线，要用镊子进行穿线，线与针孔沿30°~45°方向穿进去。

4）先在没有芯片的电路板上进行焊接练习，能在相应的焊接处，使用"分步焊"焊出高度和跨度合理的焊线。

5）焊接过程中很容易出现断线，练习对焊线重新穿线，能独立完成穿线，合理维护仪器。

实训任务四　手动灌胶

1. 实训目的

1）掌握数码管 LED 手动灌胶的工艺过程。

2）培养学生的实验动手能力和专业技能。

3）深刻理解 LED 灌胶封装的意义和目的。

2. 实训物料

LED 外封装胶是由环氧树脂 A 胶和硬化剂 B 胶组成。数码管封胶站使用的原物料：环氧树脂、硬化剂、色剂、扩散剂、模条以及铁盘等。

封胶站使用的辅料：丙酮、甲苯、乙醇。

3. 使用工具、仪器或设备

电子秤、烧杯、机械搅拌机、真空脱泡机、手动灌胶机、贴膜、烤箱等。

（1）烤箱

本实训所用的烤箱，采用电子 PID 智能温度控制器，温度控制准确，可在 0 ~ 999h/min/s 进行任意定时控制，控制电路设有超温报警断电保护，箱体结构采用可调式送风装置，充分利用空间做到节能、环保、高效，表面采用静电喷涂，内腔使用不锈钢制造，易于维护。该烤箱适用于工作温度在 200℃ 以下的各种五金、电子产品烘烤，尤其是对 LED 发光二极管、数码管、背光源等烘烤，具有烘干快、不裂胶、支架不变色的优势。

具体的操作说明如下

1）在设备附近安装一个隔离开关，提供设备使用电源。

2）根据设备电气使用数据，检查电源电压是否相符。

3）按要求连接好电源，把隔离开关按到"ON"（即，"打开"）位置。

4）检查风轮是否反转。

5）把总电源旋扭开至"ON"位置，电源指示灯亮。

6）把计时器旋扭开至"ON"位置，计时指示灯亮，计时器开始计时，当第一次设定烘烤时间为 30min 时，计时器正常计时，当时间达到 30min 时，停止发热，如需再次计时，按下计时器确认键。

7）把风机旋扭开至"ON"位置，鼓风机电源指示灯亮，鼓风机工作。

8）把加热旋扭开至"ON"位置，加热指示灯亮，温控表显示温度。电流表显示工作电流，当温度达到设定温度，电流表进行恒温动作。

9）温度设定。按功能键使温控表进入待设定状态；按上升键温键温度升高，SP 显示设定值。按下降键温键温度下降，SP 显示设定值。设定完毕按功能键确定，烤箱进入正常工作状态。

10）设定超温报警器，因超温报警器的传感器放置在靠近发热管的位置，建议高于温控表温度 2℃。当温度超过设定温度时，蜂鸣器响，停止发热。

（2）真空脱泡箱

真空脱泡箱（真空脱泡机）主要技术参数见表 6-3。它主要是为一些易分解、易氧化的产品干燥、保存而设计的，适用于电子、电池、五金、塑胶、通信、化工涂料、汽摩配件、环氧树脂、化妆品原料脱泡。外观设成多层次箱体结构，表面采用静电喷涂，内胆用不锈钢焊制，表面经电镀处理，光滑且密封。

表 6-3　真空脱泡箱主要技术参数

序号	内容	参数
1	额定电压	380V
2	频率	50Hz
3	电热功率	1.5kW
4	抽气机功率	2.2kW
5	抽气时间设定	0~60min
6	控温范围	室温至（100±5）℃
7	超温	由温控器控制超温
8	使用空间	250mm×200mm×250mm（可选）
9	净重	50kg（不含泵）

4. 作业方法、步骤

数码管 LED 灌胶是采用一个模具作为外壳，如图 6-6 所示。先在模具的背面贴上贴膜，形成一个容器，然后把环氧树脂 A 胶和固化剂 B 胶按照质量 1:1 的比例配好，把配好的胶注入模具里面，接着通过脱泡处理，去除胶里面的气泡。脱泡处理时，通过把灌好胶的模具放入抽真空箱中，把箱内的空气通过机械泵抽走，当腔体内的压强小于 10Pa 时，胶体内的气体，由于内外压强差的原因，脱泡到真空腔体中，被机械泵带走，起到去除胶体内气泡的作用。

之后，把固晶和焊线好的 PCB 压入经过脱泡处理后的模具之中，PCB 的引脚朝上，固晶焊线的那面朝下压入胶内，再通过工具把 PCB 压实，接下来放入烤箱内在一定的温度条件下烘烤固化，完成灌胶工艺。灌胶工艺的技术难点是需要解决好气泡问题，如果灌胶后的产品出现气泡，该数码管基本就变成次品，不可经过返工修复，因此封胶工艺需要严格按照灌胶工艺流程来封胶。

1）将 WL-7002A-6 树脂，WL-7002B-6 固化剂，DF-090 扩散剂，预先在 50℃ 烤

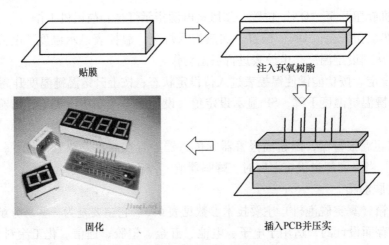

贴膜　　　　　　　　　　注入环氧树脂

固化　　　　　　　　　　插入PCB并压实

图 6-6　数码管 LED 灌胶工艺过程示意图

箱中放置 5 ~ 10min。

2）在模具背面贴膜，用圆珠笔管刮其表面，去除贴膜中的气泡，然后加热至 70℃，保温 0.5h，目的是为贴膜与模具粘贴得更加牢固，避免发生漏胶。

3）配胶：将 WL – 7002A – 6 树脂，WL – 7002B – 6 固化剂，DF – 090 扩散剂按重量比 1∶1∶(0.08 ~ 0.10) 比例混合，搅拌 5min 左右。

4）胶水脱泡处理：配好的胶液入真空烤箱中，在 75 ℃的条件下抽真空 10min，目的是去除配胶时由于搅拌而引起的胶中含有大量气泡。真空脱泡箱的操作方法如下：

① 打开总电源开关。

② 接通 380V 电源。

③ 先按下启动按钮，试机看有没有接反电源，如果反了要立刻停机调换。

④ 打开真空门，放入所要抽真空的产品及胶桶。

⑤ 设定抽胶或抽气泡延时，调整温度 55 ~ 70℃。

⑥ 关紧真空门，打开抽气阀门，关闭放气阀门，按下启动开关，正常工作。

⑦ 抽胶时间到，慢慢打开放气阀门，等气体完全排出箱体时才能打开真空门，取出产品。

5）灌胶：将脱泡后的胶水注入模具中（采用尖嘴塑料瓶灌胶），注意灌胶的速度尽量慢（避免胶水流入太快，大量空气被封住在模具中，后续脱泡处理时会发生溅射溢出导致漏胶），灌胶量控制在模具的 90% 容量为合适。

6）第二次脱泡处理：将灌好胶的模具放入真空烤箱中，先在 75℃下加热 5min，然后在 75℃抽真空 15min，去除封在模具中的气泡。

7）将模具取出，检查无孔洞以及缺胶情况，先补灌胶水后，将 PCB 轻轻放入到模具上，然后放入烤箱在 75℃加热 5min，再把 PCB 压实（采用螺丝钉拧紧压实）。

8）压实后的模具在 80℃固化 5h。

5. 实训注意事项

1）A、B 胶混合后即慢慢起化学反应，造成黏度变高，因此需在规定的时间内用完，以免因黏度过高无法灌注或产生气泡。灌注后需立即进烤箱，以免表面吸附水分造成产品不良。

2）配好的胶水暂时不用或倒入胶桶有剩余，要用塑料瓶或者塑料袋封紧，切记不可用玻璃瓶来装配好的胶水，以免由于胶硬化过程的体积膨胀而发生炸裂事故。

3）A 胶和 B 胶的配比一般是 1:1。比例不当时，容易出现下列问题：A 胶过多，胶体会偏黄，导致烘烤不干，玻璃态转化温度点升高；B 胶过多，胶体会变脆，易于破损，抗振强度下降，玻璃态转化温度点下降。

4）胶水不小心沾到皮肤上，要用肥皂水清洗；沾到眼睛上，要用大量清水冲洗并及时就医治疗。

5）做完实验后，有剩余胶必须倒掉，并把容器清洗干净，不可有剩余胶在容器中，避免胶固化后无法清洗。为防止堵塞下水管，需要清除掉的胶水，应倒入准备好的垃圾袋中，做完实验后带走。

实训任务五 自动固晶

1. 实训目的

1）理解自动固晶机的工作原理和结构组成。

2）掌握自动固晶机的维护、参数设置、程序调试、工作流程等。

3）能分析固晶岗位遇到的问题、能处理简单故障。

2. 实训物料

料盒、支架、固晶胶、芯片、装料钢盘等。

3. 使用工具、仪器或设备

自动固晶机、镊子、烤箱、显微镜、记号笔、静电手环。

4. 作业方法、步骤

1）了解生产单上的固晶要求，到仓库领取生产单上所需的芯片。

2）固晶之前，先把固晶架调好；套上晶圆膜时，膜与支架、PCB 之间的距离不要过高或过低（大约在 0.3cm），过高则晶圆固到一半就会翻倒或者脱掉，也容易将晶圆膜刮破，过低则会将固好的晶圆和芯片擦掉，支架会弄脏。

3）固晶时，根据各种晶圆、芯片（指的是含芯片的产品）的先后顺序将扩好的晶圆放在调好的固晶架上固晶。

4）在固晶过程中，胶量覆盖晶圆的高度接近 1/2 为宜，禁止过多或过少，过多会浸坏晶圆，过少则会粘贴不稳，焊线时易脱落，如发现有胶体不适合的问题，应向点胶人员或主管反映。

5）晶圆位置要端正并要固到底部。对 PCB，晶圆应固在铜箔中心，最偏不超过铜箔外，对 LED 支架应固在杯中心或平头中心，固芯片也尽量在中心位置（对固晶或芯片位置有特殊要求的，要按特殊要求处理）

6）了解翠绿和蓝芯的正、负极方向和芯片输出（正、负极），尤其是在 LED 为七彩时，红灯、翠绿、蓝芯的排列位置，（正、负极）红芯的使用，翠绿、蓝芯电极的方向位置都要清楚（若生产单上有特殊要求，按要求操作）。

自动固晶的具体方法、步骤详见表6-4。

表6-4　自动固晶的具体方法、步骤

工序	作业步骤	图示	作业内容描述
物料准备	挑选料盒		1. 根据生产任务单和物料清单确定支架型号 2. 以支架型号确定料盒尺寸，及使用料盒的编号
	支架除湿		1. 将烤箱升温到150℃，戴棉纱手套将材料放在烤箱内 2. 设定烤箱烘烤时间，填写《进出烤箱记录表》
	固晶胶准备		1. 根据物料清单中的物料信息确认型号 2. 回温前确认有效日期 3. 固晶胶回温放在常温环境，指定位置进行回温 4. 固晶胶回温后，及时在标签上标注回温时间及回温次数，制程检验员确认
	芯片准备	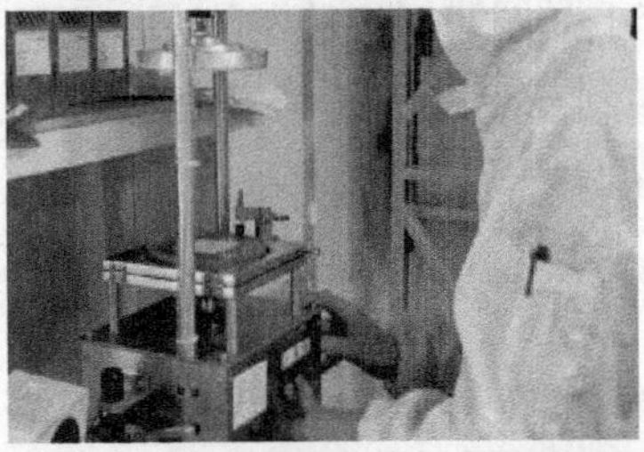	1. 以物料清单中的物料信息确认芯片型号、参数（电压 V_F、亮度、波长）后进行扩晶作业 2. 芯片参数平均值不符合物料清单要求，严禁上线作业
	芯片放置		1. 正常在线作业的芯片，扩晶后叠放在机台旁边，最上层必须放一个带有蓝膜的扩晶环覆盖 2. 暂时无法作业但已扩晶的芯片，需放入防静电盒，并放进干燥柜

（续）

工序	作业步骤	图示	作业内容描述
物料准备	顶针、吸嘴确认		1. 根据芯片尺寸确定顶针、吸嘴型号 2. 连续作业机台，需确认顶针、吸嘴寿命
固晶准备	胶盘清洗	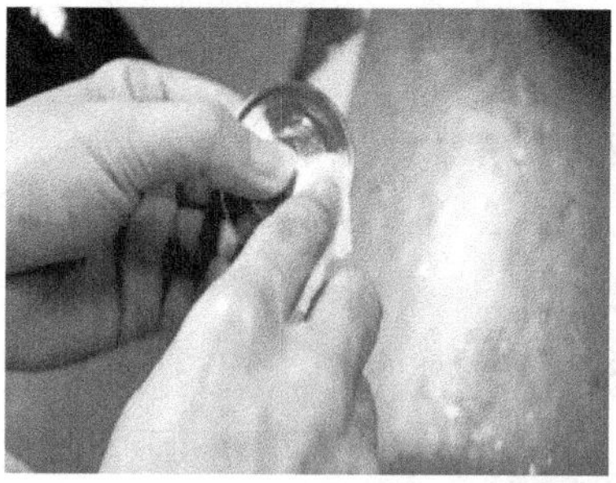	1. 胶盘从机器上拆下后，用硬纸片或无尘布将胶盘残胶擦拭干净 2. 用无尘布蘸酒精反复清洁至少三次以上，或者使用超声波 5～10min 3. 确认胶盘及刮刀挡块清洗干净后，用干燥无尘布进行擦拭
	加胶		1. 固晶胶挤入胶盘 2. 胶盘上胶量以刮刀刮平后刀口上形成胶团为宜 3. 需待胶盘转动 3～5min 后再进行正常固晶 4. 胶盘放置机台起动转动，确认胶盘是否水平、转动匀速
	固晶图样确认	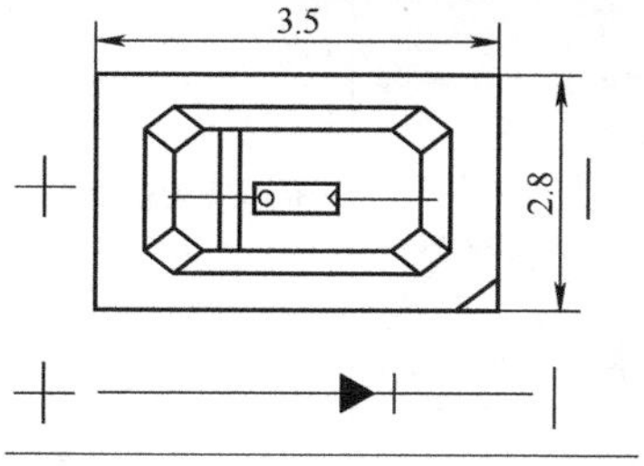	根据"制造规格"文件确定固晶位置示意图
机台设备调试	芯片确认		1. 扩好的晶的芯片在上机前，作业员必须在蓝膜上标注芯片的正、负极 2. 芯片装上机台后，需找组长和制程检验员确认并签字后方可作业

（续）

工序	作业步骤	图示	作业内容描述
机台设备调试	芯片放置机台		1. 将芯片放进芯片盘，调整芯片正、负极，确保固晶后与制造规格上的固晶位置示意图一致 2. 为便于集中作业多扩晶芯片，必须叠放在最上方放一个带有蓝膜的扩晶环，或放在防静电盒内
	两点一线/三点一线调试	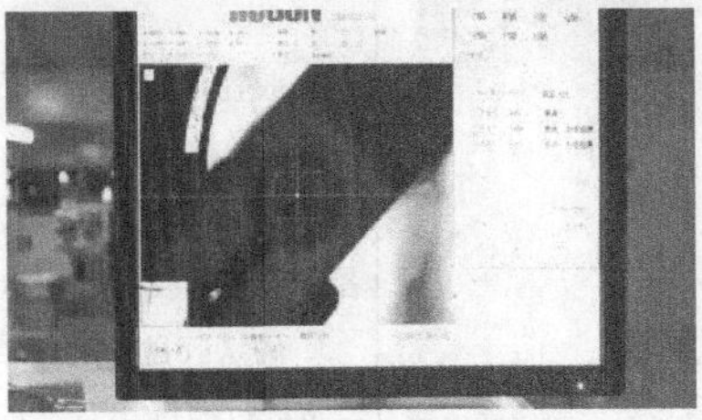	两点一线/三点一线调试
	支架上料	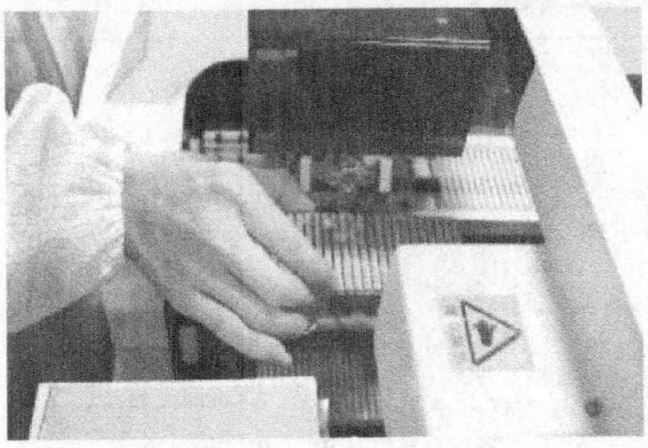	1. 支架确认方向后进行支架上料 2. 手拿支架时，拿支架两侧，严禁用手接触产品表面（杯口面）
	支架信息编辑	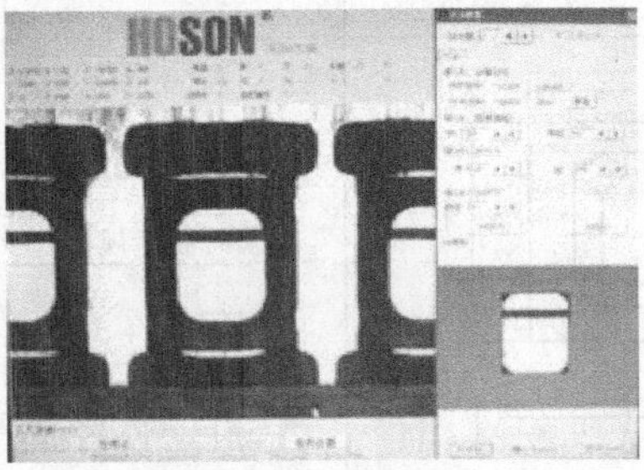	依据支架信息编辑支架模式识别及排列数等
	取晶调整		芯片模式识别设定及顶针高度、吸嘴气压等调试确认，取晶高度和固晶高度设定

（续）

工序	作业步骤	图示	作业内容描述
机台设备调试	胶量调试	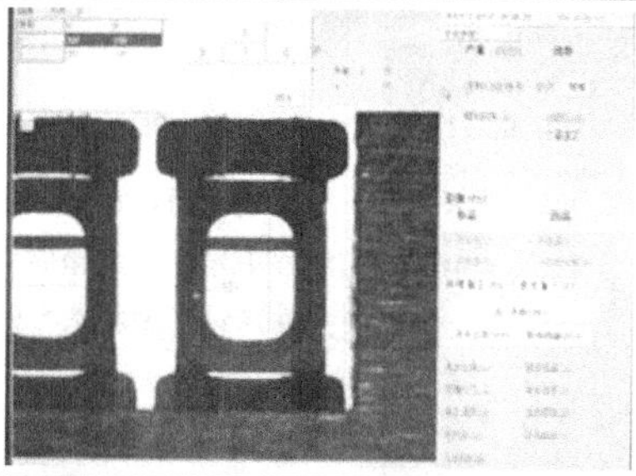	通过调整胶盘刮刀高度从而调整固晶胶的胶量
固晶作业	首件确认	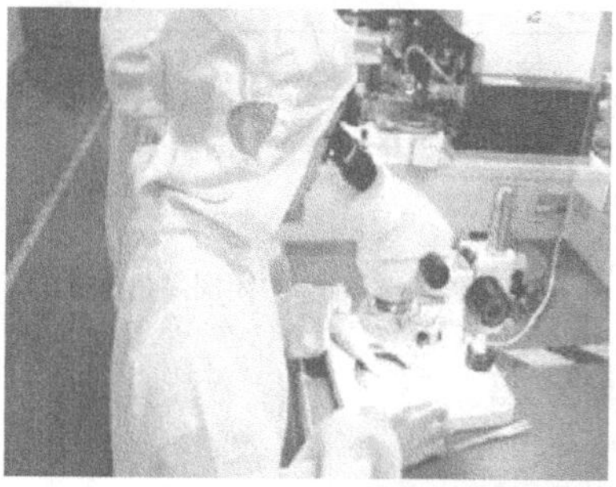	1. 设备技术员调试合格后，需生产第一片产品进行首件确认，主要检查漏固、错固、胶量多少、晶粒破损、粘胶、倾斜、翻转、流程单写错、晶粒极性固反、杂物等项目 2. 由制程检验员、组长进行确认，如确认合格，作业员填写首件记录并由制程检验员、组长签名确认
	点胶针头擦拭		1. 每固晶作业30min，开机作业员需暂停作业并分别对吸嘴、点胶针清洁，清洁时需分别将吸晶摆臂、点胶头移开 2. 清洗时先用无尘布蘸酒精擦拭，然后再用干燥的无尘布擦拭，擦拭后等待30s后再正常作业
	过程检查	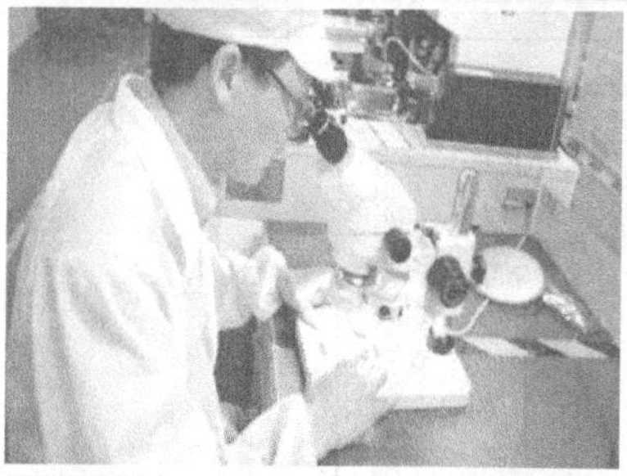	1. 作业过程中，固晶后的产品需在显微镜下进行检查，重点确认胶量多少、芯片划伤、暗裂、爬胶等不良项目 2. 作业中的材料按检验状态分区域放置 3. 每作业完成一次，将作业数量及检验状况记录在生产流程单上，和料盒放在一起，由制程检验员抽检确认
烘烤	固晶材料烘烤		1. 将制程检验员检验合格的固晶材料和生产流程单相对应后，放置于推车上进烤箱，不同型号固晶胶不可放在车上的同一层，不同型号固晶胶不可同时进烤箱烘烤 2. 固晶专用烤箱内外部需用无尘布蘸酒精清洁，频率：1次/周 3. 进烤箱温度和时间参照《固晶胶使用指导书》设定

（续）

工序	作业步骤	图示	作业内容描述
烘烤	记录进出烤箱信息	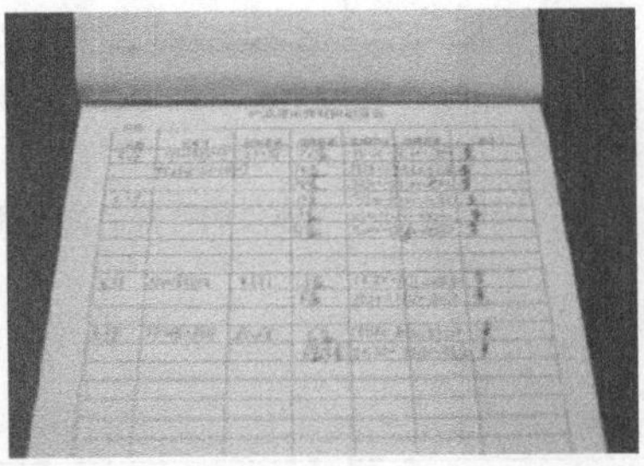	在进出烤箱记录表上，记录进烤箱生产批次、流程单号、进烤箱时间和出烤箱时间、操作人，并在烤箱上做状态标识
固晶后整理	关闭电源	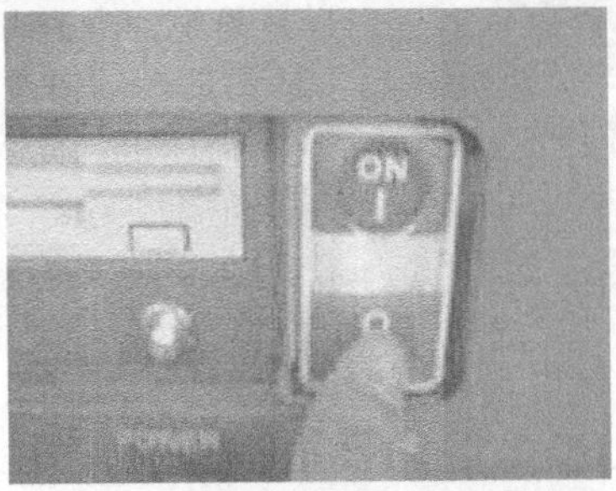	关闭固晶机电源
	整理尾料和标签纸	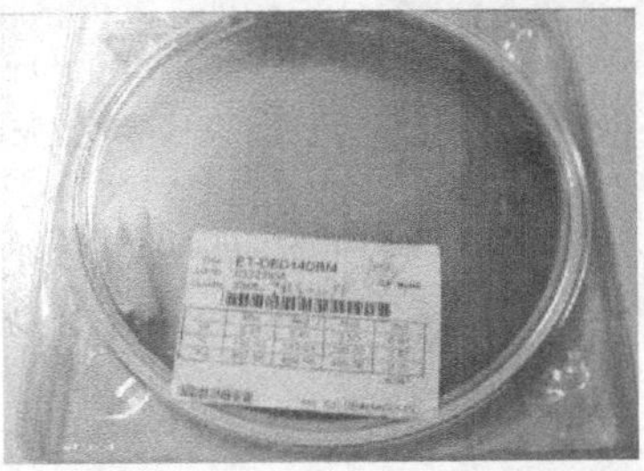	芯片和支架的尾数作退仓处理，将芯片标签贴回蓝膜，写上退仓芯片数量（芯片退仓时，不用取下子母环，直接放入回收盒中） 夹具、治具清洁后按指定位置归位
	归位		夹具、治具整理归位
	料盒整理		料盒整理，并放置到指定区域

5. 实训作业记录单

工序	作业步骤	主要数据、关键信息	作业内容描述
物料准备	挑选料盒		
	支架除湿		
	固晶胶准备		
	芯片准备		
	芯片放置		
	顶针、吸晶嘴确认		
固晶准备	胶盘清洗		
	加胶		
	固晶图样确认		
	芯片确认		
机台设备调试	芯片放置机台		
	两点一线/三点一线调试		
	支架上料		
	支架信息编辑		
	取晶调整		
	胶量调试		
固晶作业	首件确认		
	点胶头擦拭		
	过程检查		
烘烤	固晶材料烘烤		
	记录进出烤箱信息		
固晶后整理	关闭电源		
	整理尾料和标签纸		
	归位		
	料盒整理		

实训任务六　焊线质检

1. 实训目的

1）掌握产品焊线检验规范。

2）学会定义缺点，了解不同缺点的主要特点。

3）掌握焊线后质量检查的要求、方法和步骤。

2. 检测工具、设备

显微镜（10~30X）、拉力计、推力计、镊子。

3. 缺点定义

1）严重缺点：对使用者及维修者有危险而需要考虑的缺点，以 CR 或严重表示。

2）主要缺点：会导致故障或实质降低实用机能，而无法达到产品预期功能要求，以 MA 或主要表示。

3）次要缺点：与标准或规格有所差异，但在使用上无明显影响，以 MI 或次要表示。

4. 检测方法、步骤

1）检验材料外观前，需核对所领材料与任务单是否相符，作业图样编号（版本号）与生产任务单要求是否相符。

2）外观检验。

3）拉力测试。

焊线质量检测方法、步骤见表6-5所示。

表 6-5 焊线质量检测方法、步骤

检验项目	不良描述	相关图示	标准	缺点等级			使用设备
				CR	MA	MI	
错焊	焊线未按作业图样标示位置焊线	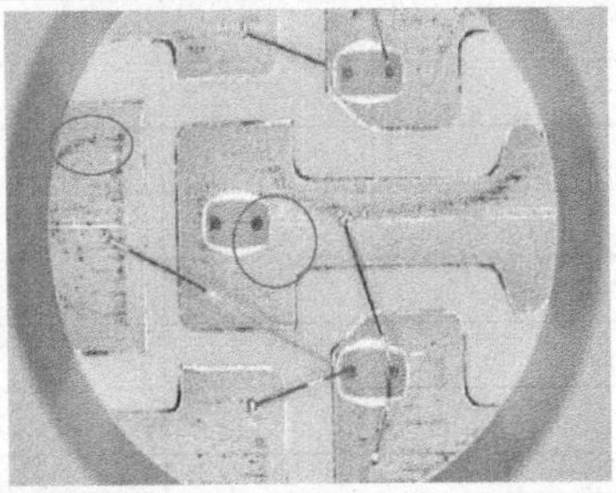	不可有，依《产品焊线示意图》	√			显微镜 ≥10X
漏焊	应该焊线却未焊	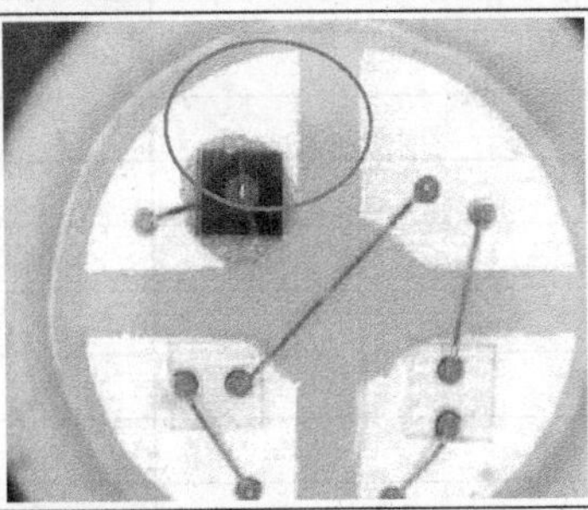	不可有	√			显微镜 ≥10X
脱焊	一焊脱，金球与电极面脱离；二焊脱，二焊金球及鱼尾与支架底部镀层脱离	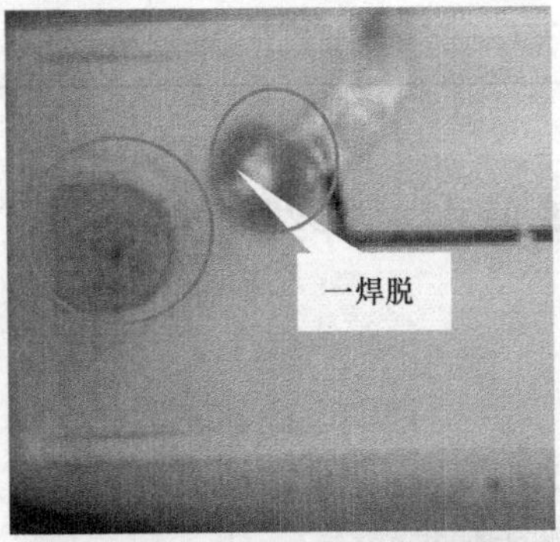 	不可有	√			显微镜 ≥10X

（续）

检验项目	不良描述	相关图示	标准	缺点等级			使用设备
				CR	MA	MI	
电极脱落	焊接时电极被拔起或测量拉力时电极被拉脱	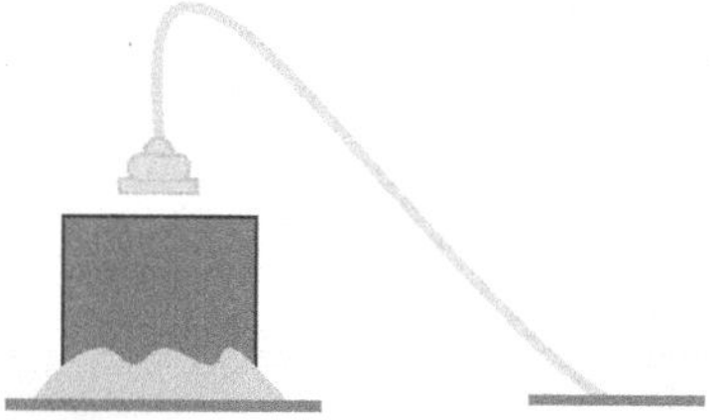 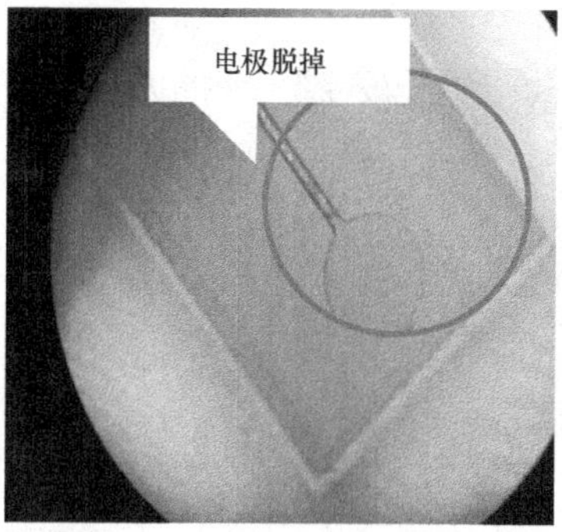  电极脱掉	不可有	√			显微镜 ≥30X
偏焊	一焊偏：一焊点偏出电极面	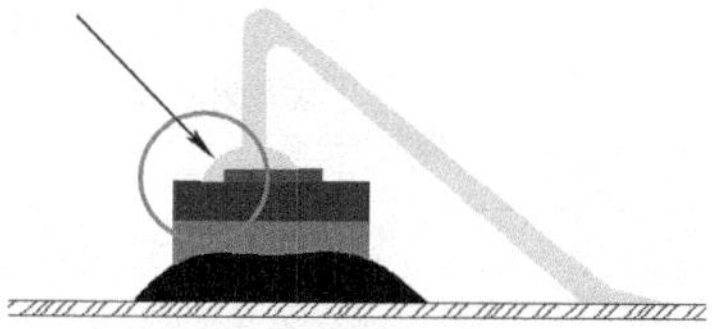 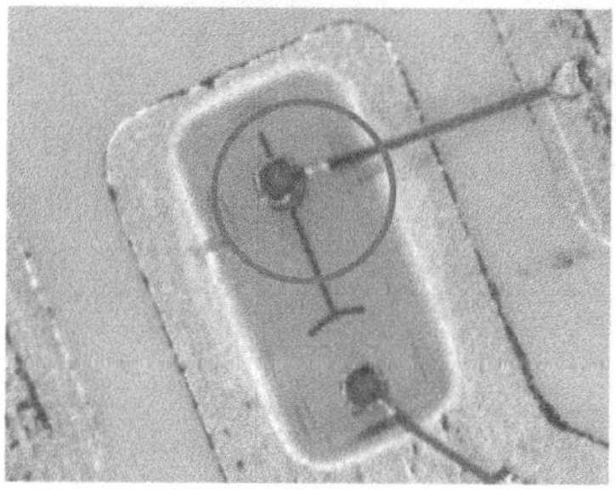	1. 单电极晶圆：金球不可超出电极面的 10%（正视） 2. 双电极晶圆：金球底部不可以偏出晶圆电极面	√			显微镜 ≥30X

（续）

检验项目	不良描述	相关图示	标准	缺点等级			使用设备
				CR	MA	MI	
偏焊	二焊偏：二焊点接近焊区边缘	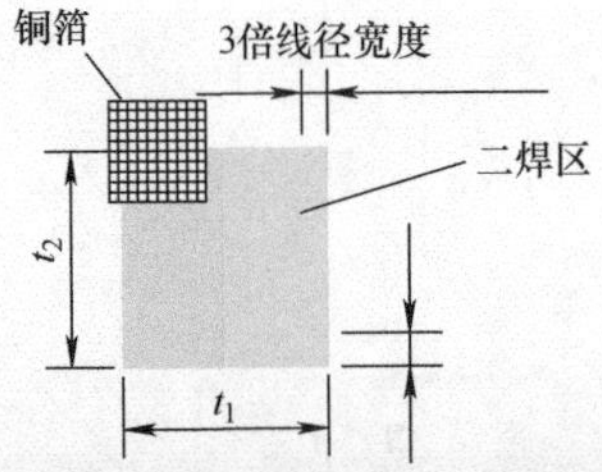 铜箔　3倍线径宽度　二焊区　t_2　t_1 　二焊偏出铜箔边缘	二焊点最少要距离铜箔边缘有3倍金线宽度		√		显微镜≥30X 二次元
	二焊偏：二焊点偏出焊区边缘	 二焊偏出铜箔	二焊偏出铜箔，不可有		√		显微镜≥30X
虚焊	焊点与电极或焊盘接触不良，A、E点脱落	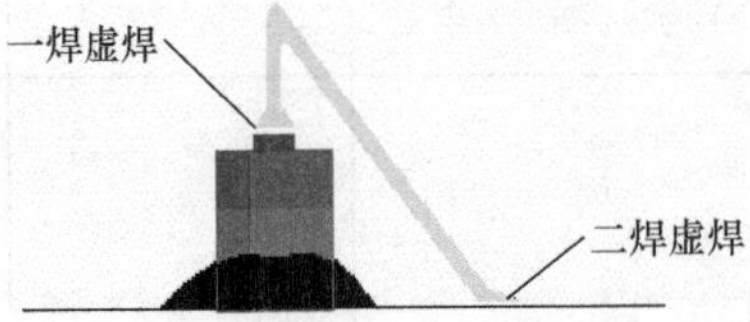 一焊虚焊　二焊虚焊	不可有（显微镜下侧面目检）	√			显微镜≥30X
塌线	线弧变形向下弯曲	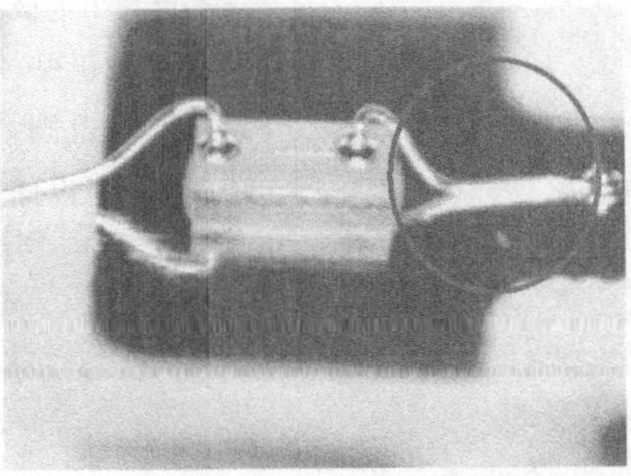	金线距离晶圆大于3倍金线直径的长度（显微镜下侧面目检）		√		显微镜≥30X 二次元

（续）

检验项目	不良描述	相关图示	标准	缺点等级 CR	缺点等级 MA	缺点等级 MI	使用设备
倒线	金线向侧面偏离	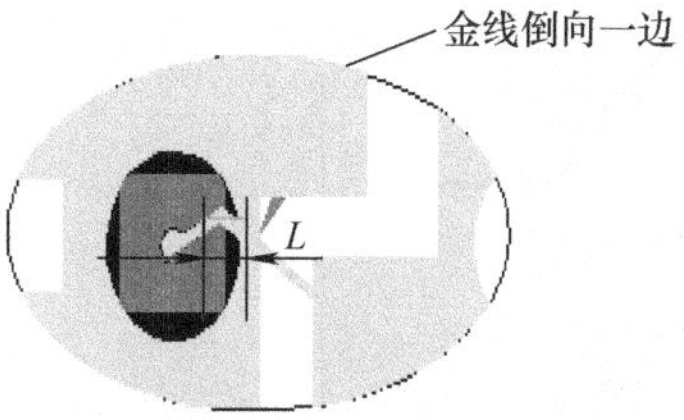 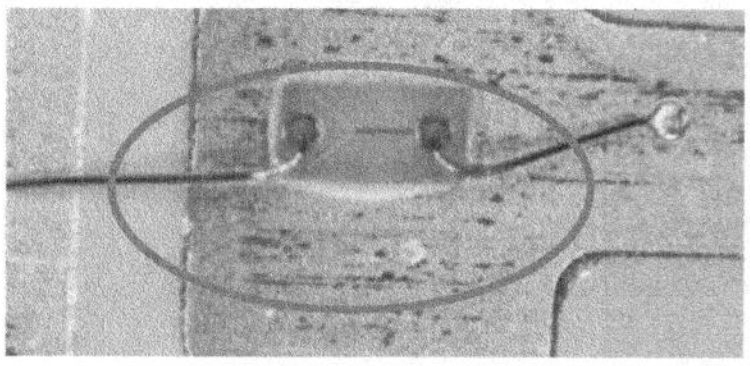 金线倒向一边	金线直线段倒向角不可超过15°，或是直线段投影到芯片上的距离（即左图中的 L）不可超过0.8mil		√		显微镜≥10X
倒线	金线任何段的倒向角＞45°，金线倒向与晶圆、支架底部镀层碰触	—	不可有	√			显微镜≥30X
金线与芯片接触	金线接触芯片	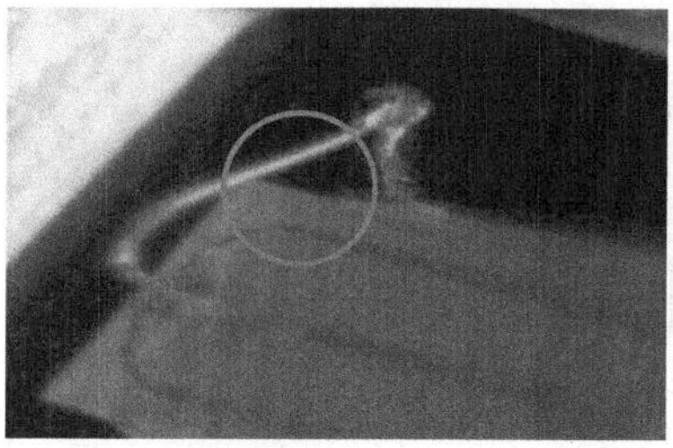	不可有	√			显微镜≥30X
焊双线	同一位置焊两根金线	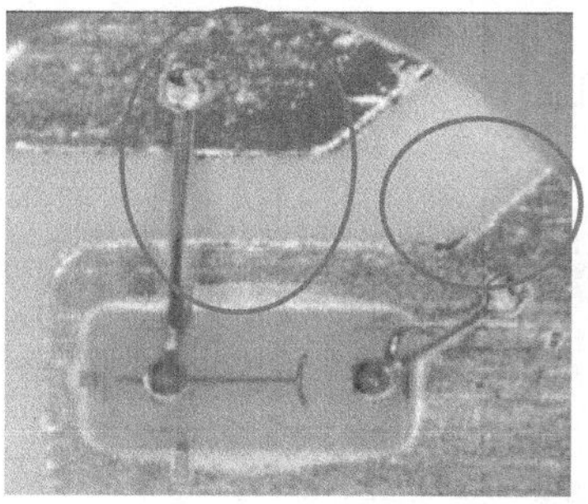	不可有	√			显微镜≥30X

（续）

检验项目	不良描述	相关图示	标准	缺点等级 CR	缺点等级 MA	缺点等级 MI	使用设备
断线	金线断开	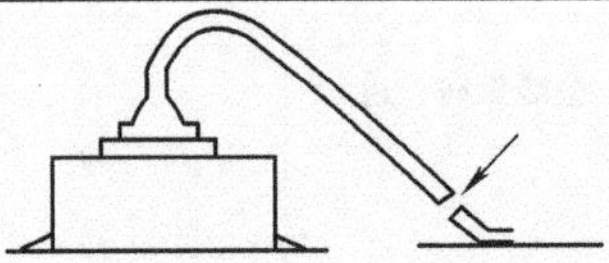 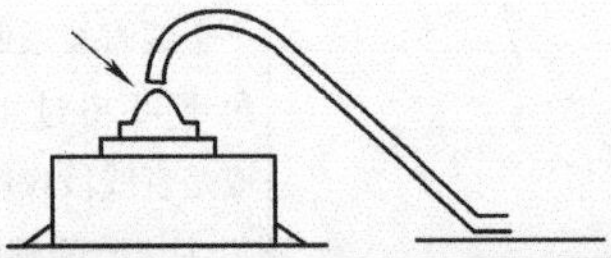 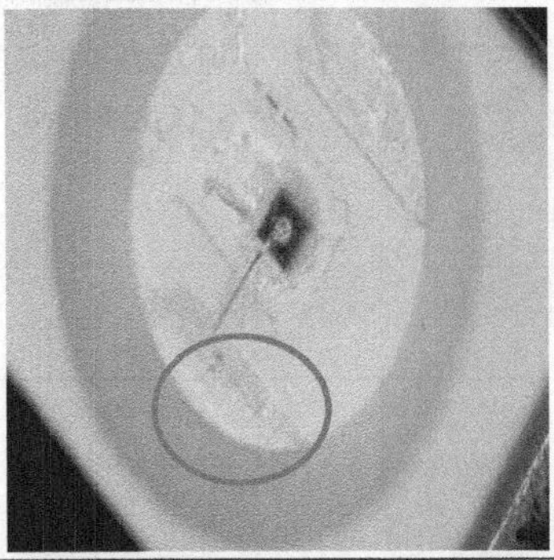	不可有	√			显微镜 ≥30X
金线伤	金线不光滑，如锯齿状	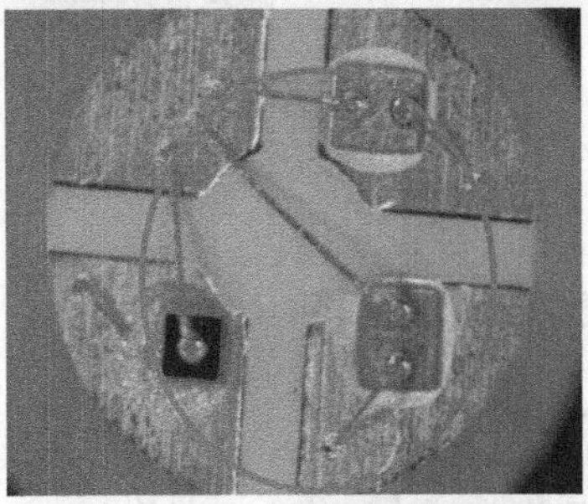	不可有		√		显微镜 ≥30X
颈部错位	B 点线径不可错开在颈部外，偏离金线中心	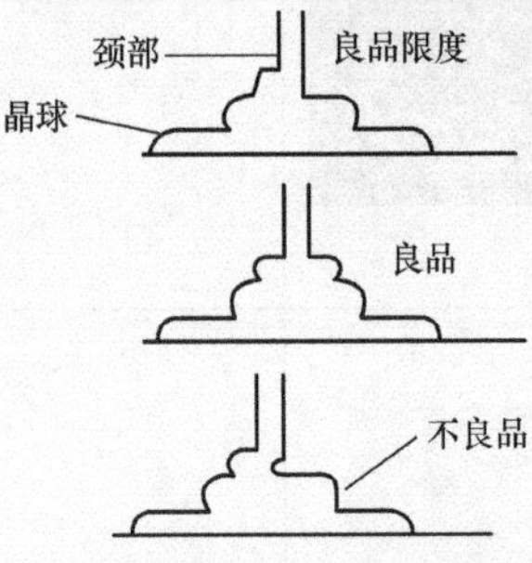 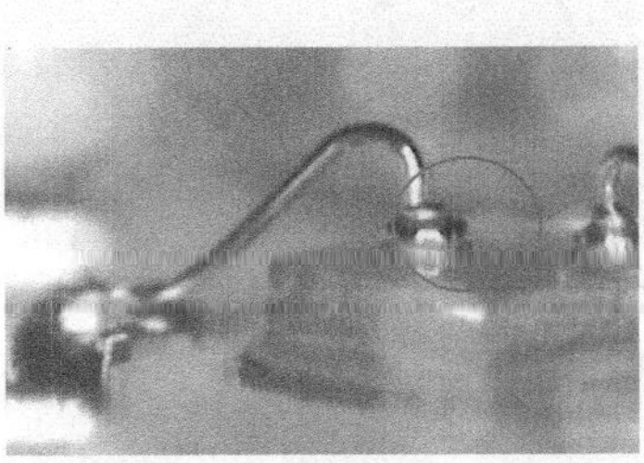	不可有	√			显微镜 ≥30X

（续）

检验项目	不良描述	相关图示	标准	缺点等级			使用设备
				CR	MA	MI	
一焊焊球变形	一焊焊球过大，残金：一焊焊球部分全部超出电极面；或形状不对称，边缘有多余的金属	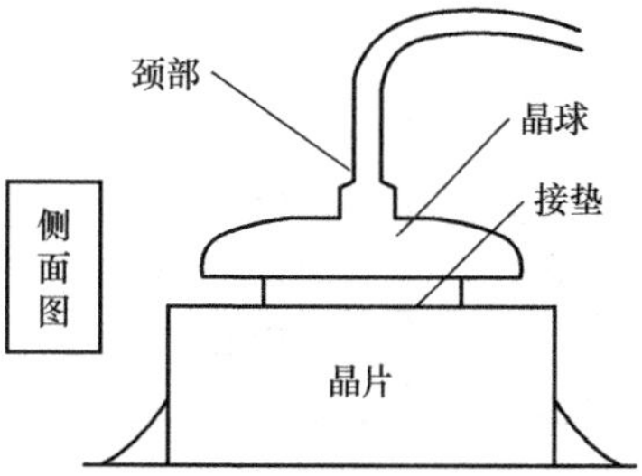 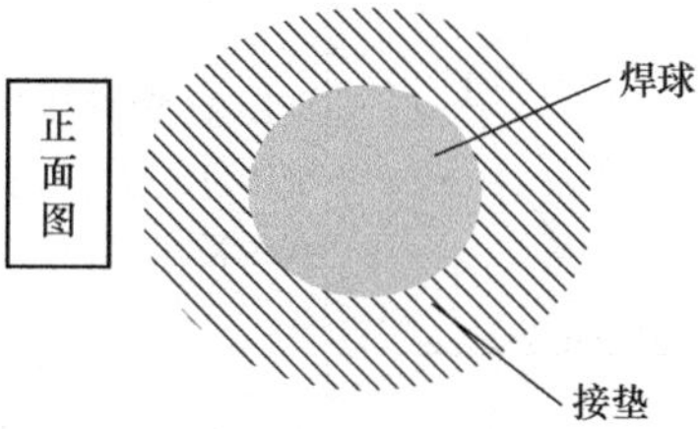 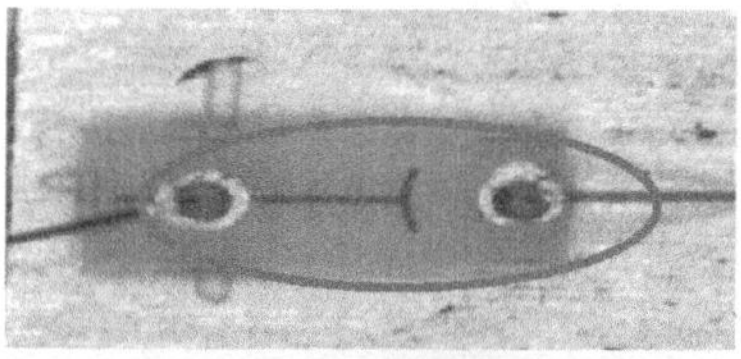 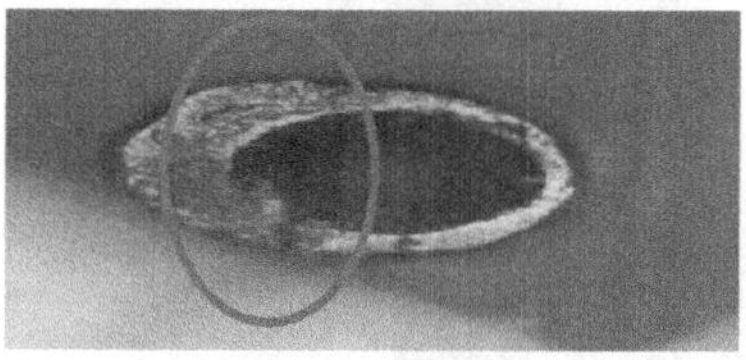	1. 焊点保持光滑 2. 焊球厚度应该在 12 ～ 25μm（为金线直径的 0.5～1 倍） 3. 焊球的大小应该在芯片电极面的 80%～100%	√			显微镜 ≥ 30X 二次元
	焊球未超出电极面但焊球小于 80% 的电极面	 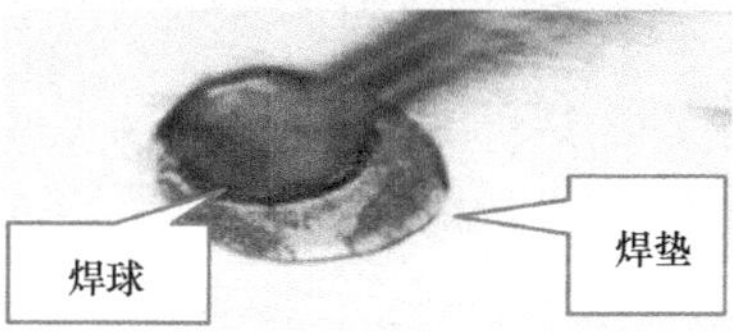					

183

（续）

检验项目	不良描述	相关图示	标准	缺点等级			使用设备
				CR	MA	MI	
二焊大小	二焊过大或过小	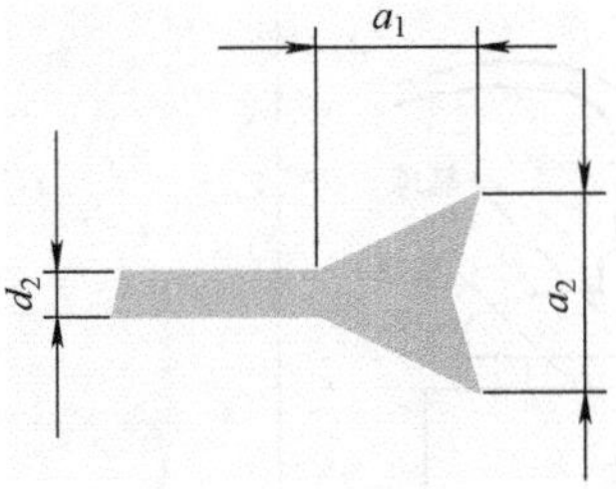	1. 焊点形状，如左图所示 2. a_2 大小为（3~3.5）倍 d_2；a_1 大小为（1.8~3）倍 d_2		√		显微镜 ≥30X 二次元
线尾	二焊尾线过长	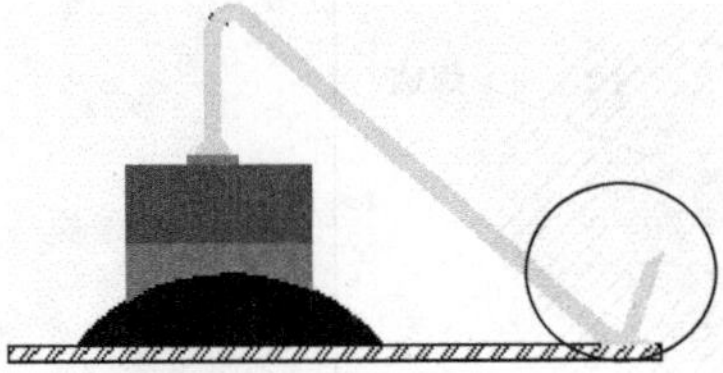	压金球后尾线长度不可超过2倍金线线径		√		显微镜 ≥30X 二次元
二焊鱼尾	1. 二焊鱼尾裂 2. D 点压裂	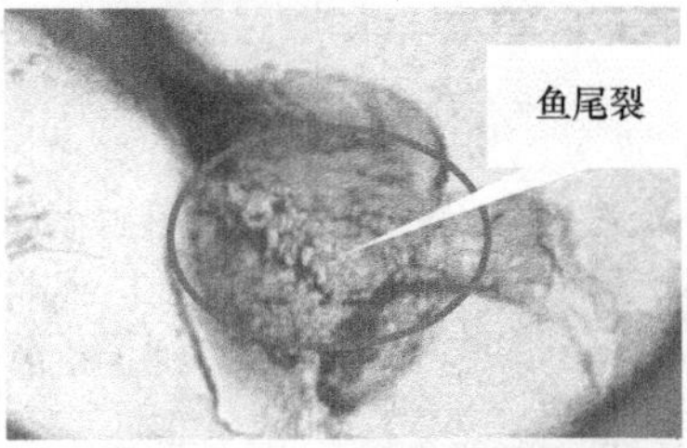 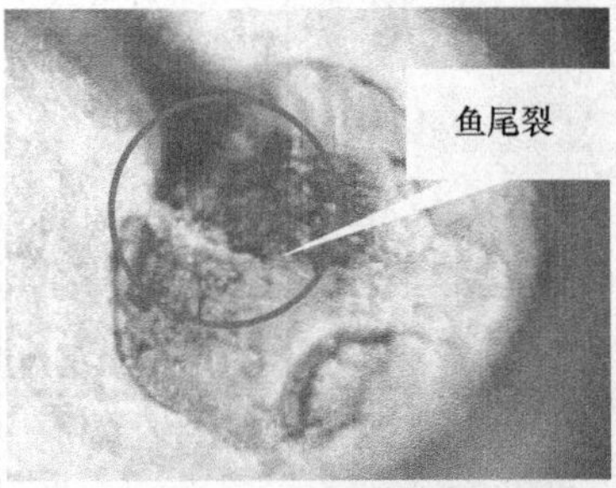 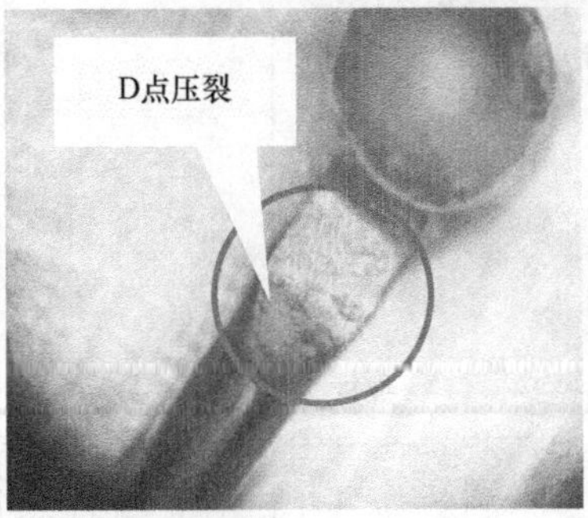	不可有	√			显微镜 ≥30X 二次元

（续）

检验项目	不良描述	相关图示	标准	缺点等级			使用设备
				CR	MA	MI	
带球尾线	一焊带球尾线	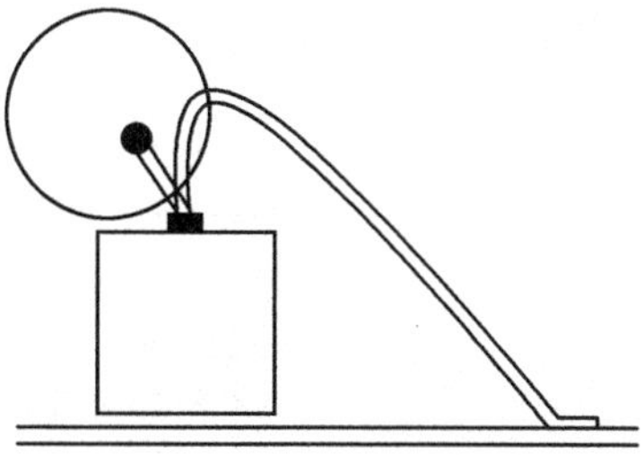	不可有	√			显微镜 ≥30X
弧高	线弧过高或过低	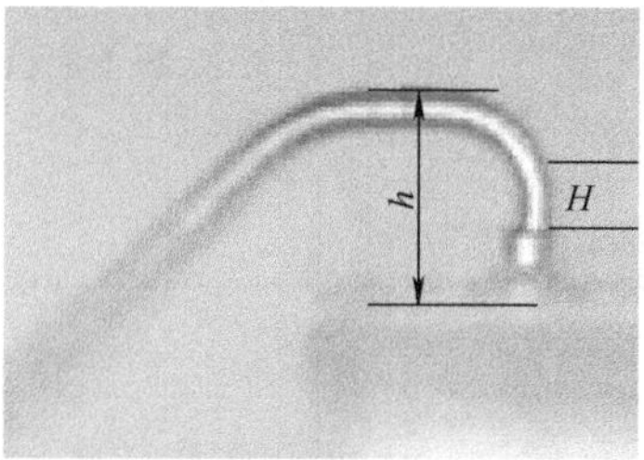 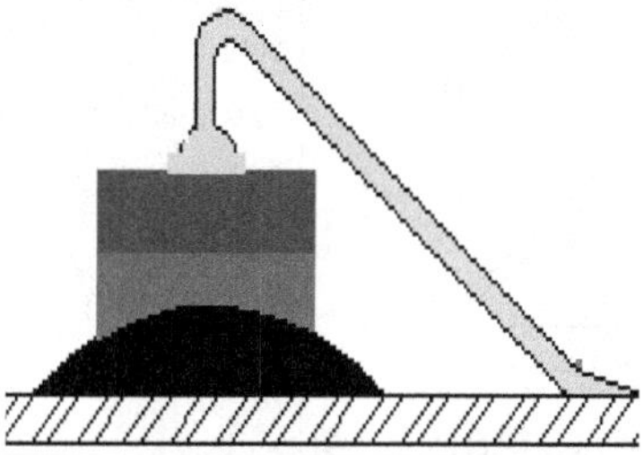	TOP 产品弧高： 1. 线弧的直线段 H 应该大于 $60\mu m$ 2. 线弧的高度 h 定义为 $3mil \leqslant h \leqslant 12mil$，具体见产品焊线示意图		√		显微镜 ≥ 30X 二次元
弧度变形	线弧前倾 线弧后仰	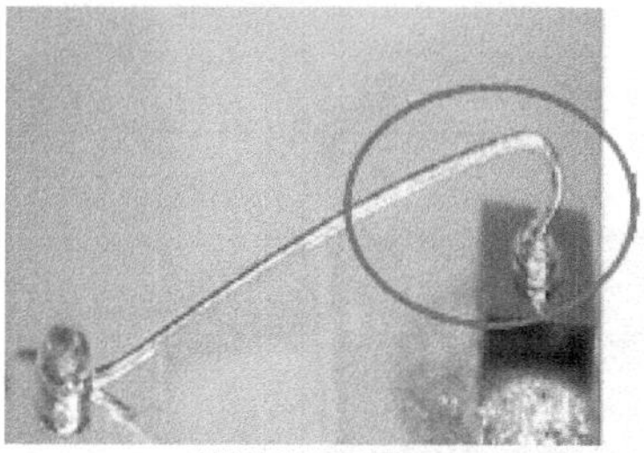 前倾 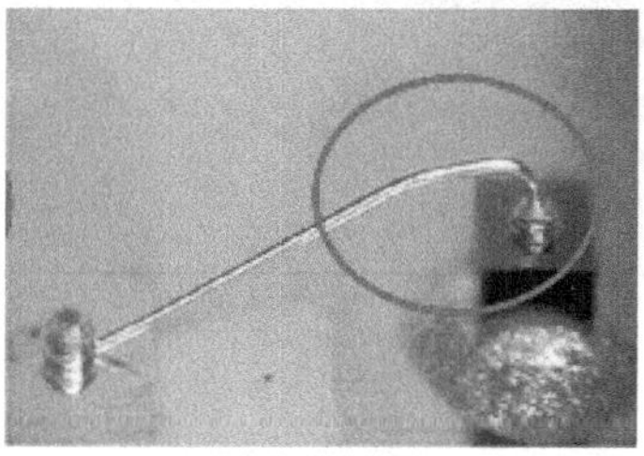 后仰	线弧一定要有直线段，不可无直线段前倾或后仰	√			显微镜 ≥ 30X 二次元

185

（续）

检验项目	不良描述	相关图示	标准	缺点等级 CR	缺点等级 MA	缺点等级 MI	使用设备
杂物	产品内有杂物	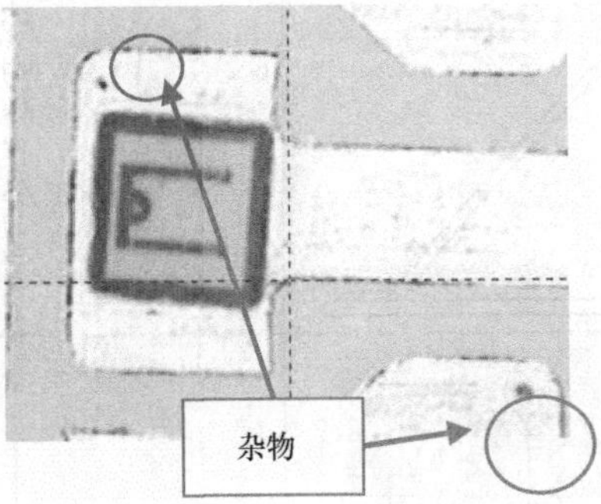 杂物	1. 晶圆上方及焊线位置不可有 2. 其他位置不可超过 2 处，且大小不超过芯片的 1/4 3. 杂物不能横跨两电极			√	显微镜 30X 二次元
拉力测试	拉力过小；A 点、E 点不可脱落	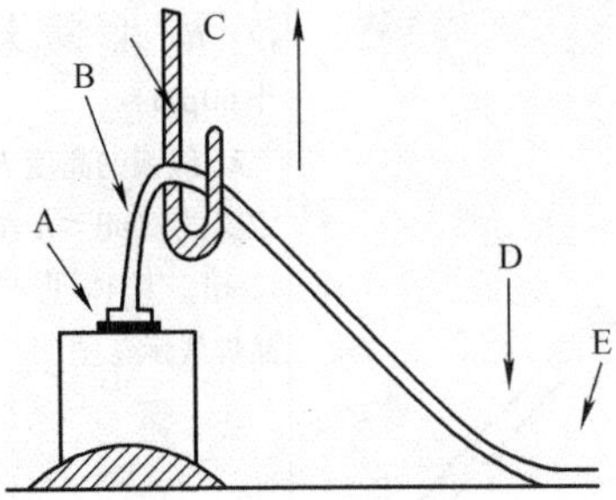 注意：测完拉力后需将金线挑掉 用拉力计钩住金线最高点，垂直向上拉动 A 点、E 点不可脱落	0.7mil 金线拉力 ≥4g， 0.9mil、0.8mil 金线合金线拉力应 ≥5g， 1.0mil、1.2mil 金线拉力 ≥7g	√			推拉力计
D 点角度	D 点角度太大，与支架接触无缓冲	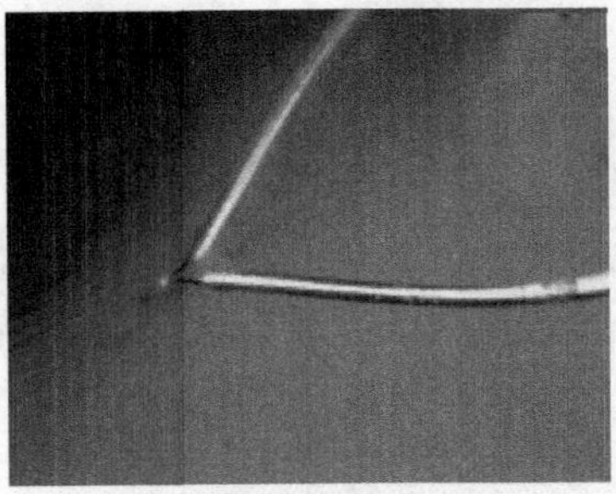 D点角度太大	不可有	√			显微镜 30X

5. 不良品处理

1）按标准将不良品登记到流程单。

2）在支架上标示清楚，并将不良品挑除。

6. 实训作业记录单

工序	作业步骤	主要数据、关键信息	作业内容描述
错焊	焊线未按作业图样标示位置焊线		
漏焊	应该焊线却未焊		
脱焊	一焊脱，金球与电极面脱离		
电极脱落	焊接时电极被拔起或测拉力时电极被拉脱		
偏焊	一焊偏：一焊点偏出电极面		
	二焊偏：二焊点接近焊区边缘		
	二焊偏：二焊点偏出焊区边缘		
虚焊	焊点与电极或焊盘接触不良，A、E 点脱落		
塌线	线弧变形向下弯曲		
倒线	金线向侧面偏离		
	金线任何段的倒向角大于 45°，金线倒向与晶圆、支架底部镀层碰触		
金线与芯片接触	金线接触芯片		
焊双线	同一位置焊两根金线		
断线	金线断开		
金线伤	金线不光滑，如锯齿状		
颈部错位	B 点线径不可错开在颈部外，偏离金线中心		
一焊焊球变形	一焊焊球过大，残金：一焊焊球部分全部超出电极面；或形状不对称，边缘有多余的金属		
	焊球未超出电极面但金球小于 80% 的电极面		
二焊大小	二焊点过大或过小		
线尾	二焊尾线过长		
二焊鱼尾	二焊鱼尾裂		
	D 点压裂		
带球尾线	一焊带球尾线		
弧高	线弧过高或过低		
弧度变形	线弧前倾		
	线弧后仰		
杂物	产品内有杂物		
拉力测试	拉力过小；A 点、E 点不可脱落		
D 点角度	D 点角度太大，与支架接触无缓冲		

实训任务七　SMD LED 成品检验

1. 实训目的

1）掌握 SMD LED 成品检验规范。

2）了解不同缺点的主要特点，并能迅速判别质量优劣。

3）学会成品外观检查、光电性能检验、包装检验等项目的检测方法、步骤。

2. 检测工具、设备

显微镜、测试仪。

3. 缺点定义

见实训任务六的"3. 缺点定义"。

4. 检测方法、步骤

抽检频率和抽检数量：外观检查 2 片/4h/批；光电性能 5pcs/批；包装 5 卷/4h/批。

1）外观检查项目（见表6-6）。

表 6-6　SMD LED 成品外观检查项目

序号	项目	不良图示	判定标准	缺点等级	允收水准	使用设备
1	胶量	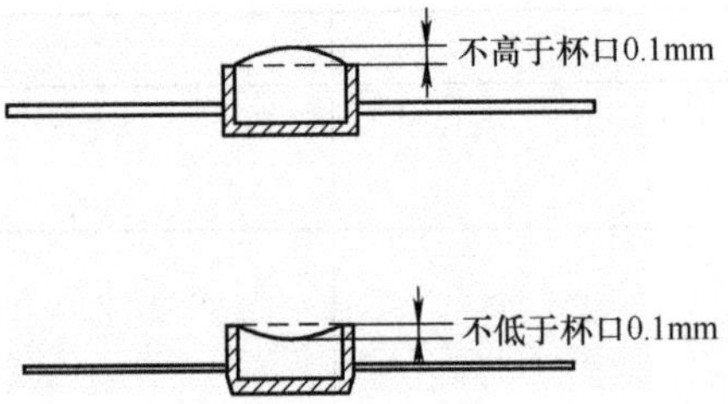 不高于杯口0.1mm　不低于杯口0.1mm	TOP 产品烘烤后胶体不可高于杯口 0.1mm，不可低于杯口 0.1mm，最低限度不可露出金线	主要	MA：≤2/1000	显微镜
2	气泡	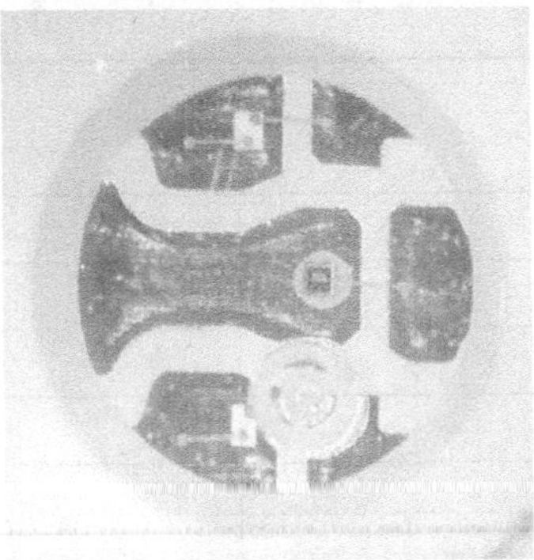	1. 不可超出 2 个，累积大小不可超出芯片大小的 1/2 2. 不可接触芯片边缘 3. 不可在芯片/金线上方	次要	MI：≤3/1000	显微镜

（续）

序号	项目	不良图示	判定标准	缺点等级	允收水准	使用设备
3	支架引角粘胶		不可有	严重	CR：0	目检
4	胶裂		胶体内部及边缘不可有裂痕	严重	CR：0	显微镜
5	无芯片	—	不可有	严重	CR：0	显微镜
6	焊线一焊、二焊未焊上	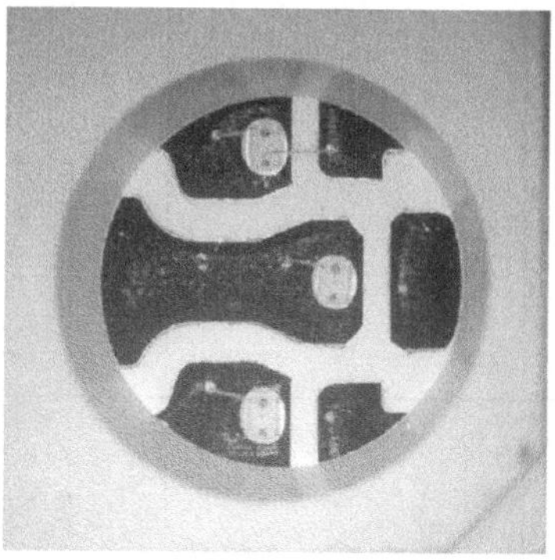	不可有	严重	CR：0	显微镜
7	杂质	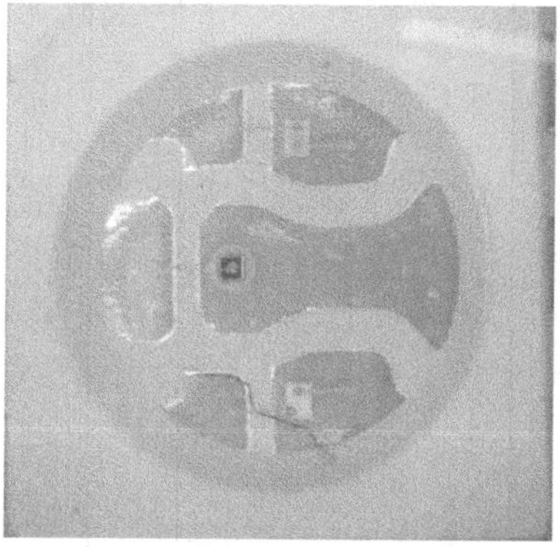	1. 杂物直径比线径小；直径不可超过晶圆宽度 2. 一焊、二焊底部不可有，芯片底部不可有 3. 杂物不可横跨两电极、长度小于芯片长为良品 4. 杂质不可在芯片上方	次要	MI：≤3/1000	显微镜

（续）

序号	项目	不良图示	判定标准	缺点等级	允收水准	使用设备
8	胶体剥离		支架与胶体接触面有明显剥离反光现象	严重	CR：0	显微镜
9	金线外漏	—	金线不可露出胶体外	严重	CR：0	显微镜
10	漏焊线		不可有	严重	CR：0	目检
11	前站标示不良	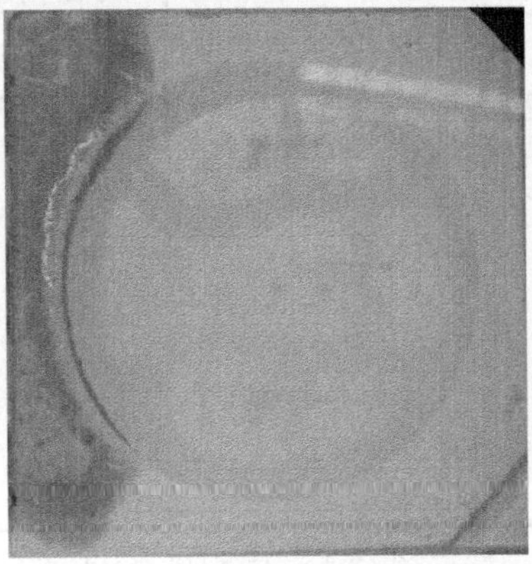	不可有	严重	CR：0	显微镜

2）光电性能检验项目（见表6-7）。

表6-7 光电性能检验项目

序号	检验项目	检验标准	缺点等级	允收水准	使用设备
1	V_F 不符	最大不可超过设定规格0.05V	主要	MI：≤3/1000	测试仪
2	I_V 不符	最大不可超过设定规格5%	主要	MI：≤3/1000	
3	$X-Y$ 不符	最大不可超过设定规格0.005	主要	MI：≤3/1000	
4	I_R 不良	V_R 设定5V时，I_R 不可超过2μA	主要	MI：≤3/1000	
5	混料	规格以外的产品（如其他颜色或其他不同芯片生产材料）	严重	CR：0	
6	开路	测试材料不得有开路现象	严重	CR：0	
7	短路	测试材料不得有短路现象	严重	CR：0	

3）包装检验项目（见表6-8）。

表6-8 包装检验项目

序号	检验项目	检验标准	缺点等级	允收水准	使用设备
1	翻料	严禁包装成盘的载带中有翻料、反件现象 	严重	CR：0	目检
2	极性反向	严禁包装成盘的载带中有极性包反现象，正常材料之负极为靠近载带孔一边 	严重	CR：0	目检
3	封口不良	1卷最多不超过3段；每段≤1cm 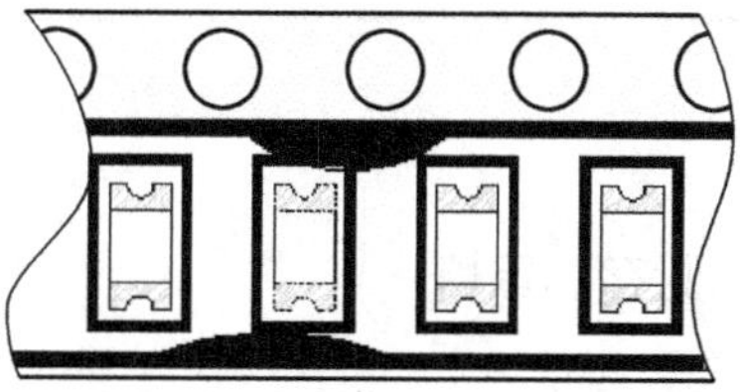	次要	MI≤3/1000	目检
4	上载带破损	Cover Tape 破裂长度不得超过热压宽度的1/2 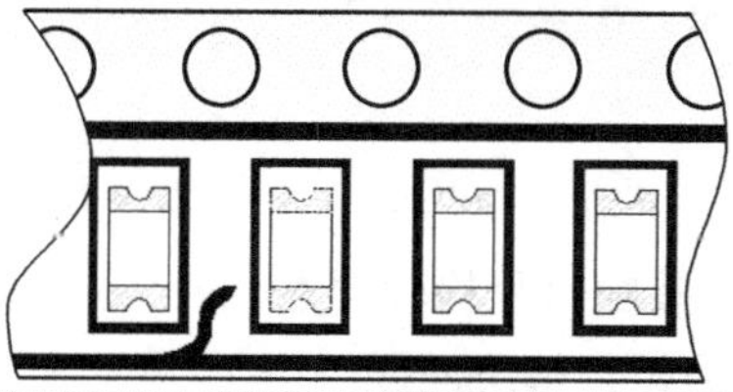	次要	MI≤3/1000	目检

（续）

序号	检验项目	检验标准	缺点等级	允收水准	使用设备
5	抛料	直拉撕开的时候产品粘附在上载带的比率不得大于 0.005，检验数量需大于 200pcs	次要	MI≤5/1000	目检
6	料带不符	用错上载带或下载带	严重	CR：0	目检
7	漏包	不可有漏包现象	主要	MA：0	目检
8	混料	不可有不同规格、不同型号、不同 BIN 号的材料混在一起编带	严重	CR：0	目检
9	标签检查	1. 标签须按规定打印 2. 标签所有内容必须与产品一致	严重	CR：0	目检
10	数量检验	1. 每包/卷之包装数量需符合要求 2. 标示数量与实际数量保持一致	主要	MA：0	目检

5. 不良品处理

1）按标准将不良品登记到流程单。

2）在成品上标示清楚，并将实验品封存、留档。

实训任务八　LED 综合性能检测

1. 实训目的

1）适用于 LED 灯珠综合性能检验，了解来料检验标准、模条选用检测。

2）理解固晶质检、焊线过镜质检、装配过程检验要点。

3）能够对 LED 检测问题和异常做分析，解决问题。

2. 检测工具、设备

显微镜、万用表、记号笔、静电手环等。

3. 缺点定义

见实训任务六的"3. 缺点定义"。

4. 检测方法、步骤

（1）来料检验标准

1）原材料以购物清单、送货单（或发票）为检验标准。

2）原材料中的支架、芯片、化工原料的检验，以厂商提供的合格证书、产品认证书或产品确认书和送货单为依据进行验收，由仓管人员负责核对确认。

3）生产用仪器、设备由后勤部按"二项"要求进行检验。

4）原材料中的电子产品检验由工程部负责，测量工具为万用表。经目测、简单通断测试后入库；对判定合格入库的，工程部应随机抽取部分零件进行电路实测、参数测量并与厂商所提供的参数比较。

（2）模条选用检测

1）封胶前必须看清生产单上所需要的模条型号，检查模条是否需剪卡点、胶体是否需添加色素，如有不明白之处向主管提问。

2）到模条房选用标准的模条。

3）将模条装槽，在装槽过程中，如发现模条表面和四周有剩余胶的，应清除干净剩余胶；模条边柱松动的，应放在一边，不要装槽使用。

4）如要做透明无色产品，就不能用已封过红色或橙色、黄色等的模条，以免有颜色余留。

5）模条选好后，放盘送进烤箱预热。

6）在工作中随时检查模条做出来的LED产品有无刮伤、深插等问题。若有问题，马上进行挑选或更换，并及时向主管反映。

（3）焊线过镜质检

1）把焊完线的材料按订单整理，放好在待过镜区。

2）拿起没有过镜的材料放到显微镜下，双手轻推塑料盘，从左到右对焊完线后的材料进行质量检查。

① 看有没有漏焊、碰极、银浆短路、断线、交线、错焊的现象。

② 认真细看第一焊的焊点是否合格，合格的应呈圆形，且边沿有一定厚度，有光泽，大小一致；看第二焊的焊点是否合格，合格的应呈鱼形，有毛腻感，稍有一定厚度。

③ 看第一焊、第二焊的焊点是否有虚假焊或松焊现象，芯片有没有超出输出点和球形间短路。

④ 把余留在支架上的线尾或污物用镊子夹掉，以防短路。查看拉线，应无伤痕、扭曲、弧形一致，弧度为0.23mm以上，拉断力为5g以上。

3）检出芯片打飞或损坏较多的材料，应取出返工重补。

4）检出因固晶造成的问题，退回固晶返工。

5）按以上步骤查出不合格的半成品退回返工，并告知、提醒有关人员，纠正、预防再出同样的问题。

（4）固晶质检

1）提起固晶完的材料到显微镜下放置。

2）确认自己所检测的产品规格型号、数量等是否与生产任务单上的要求相符。

3）过镜时检查晶圆是否翻倒，晶圆焊垫应朝上。

4）检查是否漏固、多固、重叠固。

5）检查晶圆表面电极是否粘胶，晶圆表面若粘胶会绑不上线，粘上银胶，不但绑不上线，而且很容易堵瓷嘴，如果银胶连接了铜箔或工焊点，会引起短路。

6）晶圆要固得与底板或支架底部紧贴、端正，观察晶圆上表面的反光是否异于正常品，如有异于正常品，说明晶圆倾斜了（一般晶圆倾斜度小于5°为正常品），应用挑针扶正，并向有关人员反映。

7）检查晶圆是否被擦掉，刮歪、有晶圆痕迹而无晶圆的，说明晶圆被擦掉，做记录后，退回重补。

8）检查芯片输出是否与芯片正、负极相对应，芯片位置与芯片输出相对合。

9）了解各种产品的固晶要求，和所固芯片的衡量标准，如发现问题，应退回返工，并将发现的问题做记录后向主管反映。

（5）装配过程检验

1）要求作业人员必须戴静电手环，做防静电措施。

2）灯具装配中插件要检查 LED、二极管、电解电容的极性不能插反。

① LED 长脚为正极、短脚为负极。

② 二极管（稳压管）有黑色（或白色）圆环的一头为负极，另一头为正极。

③ 电解电容长脚为正极、短脚为负极。

3）浸锡剪脚后主检 PCB。

① PCB 所插元件高度、间距要求一致。

② 焊点要求光滑圆亮，无虚焊、假焊、连焊现象。

③ 对以上不符合项，要求下一道工序补焊进行修补。

4）成品测试老练。

① 要求测成品的电流 LED - R（Y）：10 ~ 15mA；LED - G、B、W：12 ~ 18mA（最大不允许超过20mA）。

② 亮度、光效、光衰要求一致。

5）包装、清洁。

① 按工艺要求对产品进行清洁。

② 按生产通知单对产品进行包装。

（6）LED 检测问题和异常分析

1）一切（拨料）完成后检测，整板不亮。

① 检查供电电源与信号线是否连接，检查灯板是否与测试卡有相同的接电源地线。

② 检查测试卡是否已识别接口，测试卡红灯闪动则没有识别。

③ 检测有无短路，对应的切脚是否短路到其他线路。

2）在点扫描时，规律性的隔行不亮。

① 检查 A、B、C、D 信号输入口到测试卡之间是否有断线或虚焊、短路。

② 检测测试卡对应的 A、B、C、D 输出端与切脚是否断路或虚焊、短路。

③ 检测 A、B、C、D 各信号之间是否短路或某信号与地短路。注：主要检测 A、B、C、D 行信号。

3）全亮时，有一行或几行不亮。

① 检测线路是否断路或虚焊、短路。

② 在模块上找到控制该列的引脚，测试是否与驱动输出端连接。

4）在行扫描时，两行或几行（一般是 2 的倍数，有规律性的）同时点亮。

① 检测 A、B、C、D 各信号之间是否短路。

② 检测测试卡输出端是否与其他输出端短路。

5）全亮时，有单点或多点（无规律的）不亮。

① 找到该模块对应的控制脚，测量是否与本行短路。

② 更换模块或单灯，对比结果。

6）有单点或单列高亮，或整行高亮，并且不受控。

① 检查该列是否与电源地短路。

② 检测该行是否与电源正极短路。

7）显示缺色。

① 检测该颜色的数据端是否有输入输出。

② 检测该颜色的数据信号是否短路到其他线路。

③ 检测该颜色的驱动芯片之间的级连数据口是否有断路或短路、虚焊。

8）输出有问题。

① 检测输出接口到信号输出芯片的线路是否连接或短路。

② 检测输出口的时钟锁存信号是否正常。

③ 检测最后一个驱动芯片之间的级连输出数据口是否与输出接口的数据口连接或是否短路。

④ 输出的信号是否有相互短路的或有短路到地的。

⑤ 检查输出的排线是否良好。

思　考　题

1. 为什么要扩晶，扩晶操作有哪些注意事项？

2. 手动点银胶、手动固晶的意义是什么？

3. 超声波焊线机的工作机理是什么？

4. 固晶、焊线、点胶、灌胶等工序应该注意什么？

5. 熟悉自动固晶机。

6. 熟悉自动焊线机。

7. 实验中银浆、模条、模具所起的作用是什么？

8. 生产中用到了什么设备，进行性能检测时又用了什么仪器设备？

9. SMD LED 产品外观检查项目、光电性能检验项目、包装检验项目有哪些？

10. 综合性能检测中来料检验、焊线过镜质检、固晶质检、装配过程检验都有哪些项目？

11. 贴片式固晶固蓝色/绿色/红色后的烤胶工序主要有哪些工作和注意事项？

12. 贴片式焊线作业工序的主要工作有哪些？

13. 焊接温度、第一焊和第二焊的焊点的焊接时间、焊接压力、焊接功率、拱丝高度、烧球电流、尾丝长度等参数该如何设置？

14. 导致偏焊的原因有哪些？

15. 第一焊的焊点焊不上的原因有哪些？

16. 焊接过程中造成断线的原因是什么？如果焊线堵住了劈刀的针孔，该如何处理？

17. 固晶调试的具体步骤是什么？

18. 固晶过程中，机器视觉技术如何影响点胶臂和固晶臂动作？

参 考 文 献

[1] 陈文涛，等.LED 技术基础及封装岗位任务解析 [M].武汉：华中科技大学出版社，2013.

[2] 张保坦.LED 封装材料的研究进展 [J].化工新型材料，2010，38（4）：23－26.

[3] 刘云朋.LED 结构及其封装技术 [J].焦作大学学报，2008（4）：71－73.

[4] 张延伟.半导体器件典型缺陷分析和图例 [M].北京：中国科学技术出版社，2004.

[5] 孙立野.正装 LED 焊线不良问题研究 [D].大连：大连理工大学，2018.

[6] 李长春.LED 封装工艺设计及优化 [D].广州：华南理工大学，2011.

[7] 李恋，李平，文玉梅，等.LED 芯片非接触在线检测方法 [J].仪器仪表学报，2008，29（4）：760－764.

[8] 陈慧挺，吴姚莎.LED 封装与检测技术 [M].北京：机械工业出版社，2022.

[9] 尹飞，李平，文玉梅，等.LED 芯片在线检测方法研究 [J].传感技术学报，2008，21（5）：869－874.

[10] 孙海港.白光 LED 光固化封装方法及其光学特性研究 [D].青岛：中国海洋大学，2014.

[11] 胡跃明，等.大功率 LED 封装过程的关键技术与装备 [J].高科技通讯，2014，24（5）：506－514.

[12] 苏永道.LED 封装技术 [M].上海：上海交通大学出版社，2010.

[13] 詹前靖.SMD LED 杯型仿真分析及应用 [D].合肥：中国科学技术大学，2018.

[14] 刘静.LED 封装设备中关键运动结构动态特性分析 [D].无锡：江南大学，2013.

[15] 沈洁，等.LED 封装技术与应用 [M].北京：化学工业出版社，2012.

[16] 林海恋，等.功率型 LED 封装技术简述 [J].中国照明电器，2012（5）：19－22.

[17] 沈洁.LED 封装技术与应用 [M].北京：化学工业出版社，2012.

[18] 殷录桥.提高大功率 LED 散热和出光封装材料的研究 [J].半导体技术，2008（4）：281－284.